(Aus dem Botanischen Institut der Universität Leipzig)

Untersuchungen über die experimentelle Beeinflußbarkeit von Wachstumsvorgängen bei vegetativer Fortpflanzung und Regeneration

Inaugural-Dissertation

zur Erlangung der Doktorwürde einer
Hohen Philosophischen Fakultät
der Universität Leipzig

eingereicht von

Annemarie Harig
aus Stollberg

Mit 13 Textabbildungen

Springer-Verlag Berlin Heidelberg GmbH 1931

Angenommen von der mathematisch-naturwissenschaftlichen Abteilung der Philosophischen Fakultät auf Grund der Gutachten der Herren

RUHLAND und MEISENHEIMER

Leipzig, den 6. Juli 1931.

GOLF
d. Z. Dekan
der mathematisch-naturwissenschaftlichen
Abteilung der Philosophischen Fakultät

ISBN 978-3-662-40741-7 ISBN 978-3-662-41223-7 (eBook)
DOI 10.1007/978-3-662-41223-7

Sonderabdruck aus
„Planta" Archiv für wissenschaftliche Botanik
Bd. 15, Heft 1/2

I. Einleitung.

Die vorliegende Untersuchung befaßte sich zunächst mit Wachstumsvorgängen an verschiedenen Pflanzen, soweit es sich um die Entstehung neuer Individuen an isolierten Pflanzenteilen handelt, d. h. mit Erscheinungen aus der Überschneidungszone der beiden großen Gebiete der vegetativen Fortpflanzung und der Regeneration bzw. Restitution. Später wurden die Untersuchungen nach beiden Seiten ausgedehnt, sowohl auf das Gebiet der reinen Restitution, als auch auf das Gebiet der reinen vegetativen Fortpflanzung.

GOEBEL (1902) definiert Regeneration als die „an abgetrennten Pflanzenteilen oder verletzten Pflanzen auftretende Neubildung von Organen oder Geweben". WINKLER (1913) setzt an die Stelle der Regeneration GOEBELs den Begriff „Restitution" und definiert ihn als „Ersatz ausgeschalteter Organe oder Organteile". Beide Definitionen charakterisieren ein Geschehen und eine Voraussetzung zu diesem Geschehen. Bei GOEBEL ist die Voraussetzung noch rein morphologisch orientiert, die räumliche Trennung, die gestörte Formganzheit; WINKLER setzt dafür die neutralere „Ausschaltung" eines Organs, die nicht notwendig räumliche Trennung zu sein braucht; an die Stelle der Formganzheit tritt die Funktionsganzheit.

Im Laufe meiner Untersuchungen — bei denen das Hauptaugenmerk zunächst nur auf die tatsächlich beobachtbaren Wachstumsprozesse gerichtet war, die zur Entstehung neuer Individuen führen — ergab es sich, daß die Vorgänge, die einmal als echte Regeneration oder Restitution im obigen Sinne bezeichnet werden müssen, nicht nur nach Abtrennung oder Ausschaltung von Pflanzenteilen auftreten; sondern offenbar auch noch durch andersartige Faktoren ausgelöst werden können. Damit rücken die Vorgänge aus der oben erwähnten Überschneidungszone in das Gebiet der reinen vegetativen Fortpflanzung ein. In der Literatur sind derartige Fälle bereits bekannt. Beobachtet man z. B., daß ein abgeschnittenes Blatt von *Bryophyllum calycinum* Wurzeln und Sprosse entwickelt, so handelt es sich um einen echten Restitutionsvorgang; dieselbe Entwicklung setzt hingegen auch am festsitzenden Blatt nach Impfung mit *Bacterium tumefaciens* ein (Smith 1921).

Das Ziel der vorliegenden Arbeit war vornehmlich, die experimentelle Beeinflußbarkeit derartiger Wachstumsvorgänge zu untersuchen, in der Hoffnung, auf diese Weise vielleicht Einblick in die Bedingtheit der normal einsetzenden Entwicklungsvorgänge zu erlangen. Aus den oben angeführten Definitionen ergibt sich ohne weiteres die Wichtigkeit des Korrelationsproblems für das Verständnis von Regenerationserscheinungen und verwandten Wachstumsvorgängen. Es soll deshalb für jedes Objekt zuerst eine Analyse der korrelativen Abhängigkeiten der einzelnen Teile der Pflanze untereinander gegeben werden, soweit sie unseren heutigen Kenntnissen entspricht. An zweiter Stelle wird dann jeweils über Versuche berichtet, die eine willkürliche Auslösung und Beeinflussung von Wachstumsvorgängen bezweckten.

II. Experimenteller Teil.

A. Vegetative Fortpflanzung.

1. Cardamine pratensis.

Cardamine pratensis erwies sich als besonders günstiges Objekt, da sie sicher und schnell in einer für Regenerationsversuche sehr kurzen Zeit von wenigen Tagen reagiert und wenigstens während der Sommermonate in beliebiger Anzahl zu haben ist. Die Pflanzen, die zu meinen Versuchen verwendet wurden, stammten alle von Wiesen in der nächsten Umgebung von Leipzig; sie wurden ausgegraben und in Töpfen weiterkultiviert, meist auf einem Südbalkon des Leipziger Botanischen Instituts. Zu Zeiten, in denen sie nicht gebraucht wurden und während des Winters wurden sie mit den Töpfen ins Land eingesetzt. Im Laufe von zwei Sommern wurden mehrere hundert Exemplare kultiviert.

Die Fähigkeit der Blätter von *Cardamine pratensis*, auf der Spreite Adventivwurzeln[1] und -sprosse zu bilden, ist schon lange bekannt. Bereits 1799 wird sie von J. S. Naumburg erwähnt und in der Folgezeit des öfteren beschrieben. Eingehendere Bearbeitung erfuhr die Erscheinung dann durch Riehm (1904), in dessen Arbeit sich auch Angaben über ältere Literatur finden.

An der Basis aller Fiederblättchen von *Cardamine pratensis* befindet sich ein Komplex meristematischer Zellen, daraus entstehen neue Wur-

[1] Unter Adventivbildungen sollen im weitesten Sinne des Worts mit Goebel (1908) Wurzeln und Sprosse verstanden werden, die an anderen Stellen als den Sproß- oder Wurzelvegetationspunkten angelegt werden.

zeln und Sprosse am leichtesten. Außerdem entwickeln sich häufig Adventivbildungen auf der Spreite dicht oberhalb der Verzweigungsstellen der stärkeren Nerven. RIEHM gibt an, daß an diesen Stellen die Zellgruppen entweder embryonalen Charakter behalten oder aus Dauerelementen bestehen, je nachdem, ob die Pflanzen im Gewächshaus oder im Freien kultiviert worden waren. Demnach wäre der Übergang von embryonalem zu Dauergewebe hier ein fließender. Jedenfalls handelt es sich bei den Wachstumsvorgängen an der Basis der Blättchen stets um ein Austreiben bereits angelegter Meristeme.

Legt man abgeschnittene Blätter auf feuchtem Sand aus, so sieht man schon nach etwa 3—4 Tagen bei günstigen äußeren Verhältnissen die ersten Wurzeln auftreten, die sich rasch strecken und schließlich die Länge des Blattes um ein Vielfaches übertreffen können. Bald entwickeln sich dann auch an denselben Stellen die neuen Sprosse, die bei meinen Versuchen meist erst nach den Wurzeln auftraten. Die ersten Blätter des jungen Sprosses sind ungeteilt wie die Grundblätter der Pflanze, etwa vom 3. bis 5. Blatt an treten dann zerteilte Formen auf.

Diese beschriebenen Wachstumsvorgänge setzen erst am abgeschnittenen Blatt ein; solange sich das Blatt noch an der Pflanze befand, hatte es keine Wurzeln und Sprosse gebildet. Es taucht zunächst die Frage auf, ob vielleicht die erhöhte Feuchtigkeit, der die abgeschnittenen Blätter ausgesetzt wurden, das neu einsetzende Wachstum auslöste. Tatsächlich wird von GOEBEL (1902), KLEBS (1903) und WINKLER (1908) angegeben, daß feucht gehaltene Pflanzen von *Cardamine pratensis* auf den Blättern Adventivwurzeln und -sprosse entwickeln. Ich hatte Gelegenheit, feucht gehaltene Pflanzen in großer Zahl während meiner Versuche zu beobachten. In sehr vielen Fällen, aber durchaus nicht immer, kommt es unter diesen Verhältnissen zur Ausbildung von Adventivwurzeln. Auch auf den Wiesen findet man häufig, besonders auf den ältesten Blättern an der Pflanze nach feuchten Tagen Adventivwurzeln, in selteneren Fällen sogar Sprosse. Vergleicht man indessen die Zahl der neuen Wurzeln auf abgeschnittenen und an festsitzenden Blättern, so ergibt sich ein deutlicher Unterschied. Abgeschnittene, auch jüngere Blätter entwickeln eigentlich in jedem Fall und meist sehr rasch Adventivbildungen, meist in großer Zahl, die sich, wenn günstige äußere Bedingungen vorliegen, stets zu vollständigen neuen Pflanzen weiterentwickeln. An feucht gehaltenen Pflanzen dagegen treiben stets nur einzelne Blätter Wurzeln, oft nur das älteste, nie die jüngeren noch unausgewachsenen, und zur Sproßbildung kommt es recht selten. Wenn demnach die Feuchtigkeit der Luft sicherlich nicht allein ausschlaggebend für das Auftreten von Wurzeln und Sprossen auf abgeschnittenen Blättern von *Cardamine pratensis* ist, so kommt ihr bei der Auslösung des Vorganges doch wahrscheinlich eine Rolle zu, wie an anderer Stelle noch einmal zu erwähnen sein wird. Weiter wäre es möglich, daß nicht die Luftfeuchtigkeit auf die abgeschnittenen Blätter regenerationsauslösend wirkt, sondern die Berührung mit dem feuchten Sand. Es wurden deshalb die Blätter von sechs kräftigen Pflanzen mit Hilfe u-förmig gebogener Drahtstückchen so fixiert, daß sie der ganzen Länge nach der Erde flach auflagen. Die Pflanzen befanden sich unter einem Glaskasten in feuchter Atmosphäre. Die meisten Blätter bildeten überhaupt keine Wurzeln, einige je eine. Der Berührung mit der feuchten Unterlage möchte ich demnach keine Bedeutung für die Ausbildung von Regeneraten beimessen.

Als regenerationsauslösende Ursache bleibt nun nur noch die Trennung von der Mutterpflanze übrig. Was es im Grunde genommen für den Teil einer Pflanze bedeutet, wenn er vom Gesamtorganismus abgelöst wird, darüber haben wir heute noch gar kein Urteil. Vor allem muß man unterscheiden zwischen den Folgen, die die Trennung als Verwundung nach sich zieht, und denen, die durch die Aufhebung des Zusammenhangs zwischen Teil und Ganzem hervorgerufen werden. Daß die Folgen der Verwundung regenerationsauslösend wirken, ist hier, wie auch an anderen Objekten, sehr wenig wahrscheinlich, da — wie im folgenden zu erwähnen sein wird — Wurzelbildung auf den Blättern in reichlichem Maße auch ohne Wundsetzung hervorgerufen werden kann. Es müssen deshalb die Folgen der Aufhebung des Zusammenhanges zwischen Blatt und Pflanze untersucht werden, und es entsteht die Frage, von welchen Teilen des Organismus das Blatt getrennt werden muß, damit Regeneration eintritt. An einigen Pflanzen wurden alle entfalteten Blätter bis auf eins oder zwei ältere entfernt, eine geförderte Wurzelbildung dieser übriggebliebenen Blätter war nicht festzustellen. Die Trennung von den übrigen Blättern der Pflanze wirkt demnach nicht regenerationsauslösend.

Entfernt man dagegen im Frühjahr, wenn ein Blütensproß vorhanden ist, alle Achselknospen und schneidet den Blütenstand ab, so bilden sich auf den Blättern des Blütensprosses und auf den Grundblättern in feuchter Atmosphäre Adventivwurzeln sehr rasch und in großer Zahl. So waren z. B. am 26. IV. 1930 an einer Pflanze alle Knospen entfernt, der Blütenstand abgeschnitten und die Pflanze mit intakter Kontrollpflanze in feuchte Atmosphäre gebracht worden; bereits am 30. IV. 1930 waren an der Versuchspflanze eine große Zahl kleiner Würzelchen zu sehen, an der Kontrolle keine einzige. Am 5. V. 1930 hatten die Blätter der Versuchspflanze Wurzeln von zum Teil beträchtlicher Länge entwickelt, die Kontrollpflanze zwei winzige Würzelchen.

Schneidet man den Blütenstand ab und entfernt nur die Achselknospen der Rosettenblätter, so treiben die Achselknospen der Blätter am Blütensproß aus und außerdem entwickeln sich Adventivwurzeln auf den Blättern. Entfernt man dagegen nur die Achselknospen der Rosettenblätter und nicht den Blütenstand, so wird die Wurzelbildung der Blätter nicht merklich gefördert.

Es wird somit für *Cardamine pratensis* bestätigt, daß die Unterbrechung des ungestörten Zusammenhangs zwischen meristematischen Bezirken und Blatt regenerationsauslösend wirkt, wie das bereits für verschiedene Objekte festgestellt worden ist. (Z. B. von GOEBEL [1908] für *Bryophyllum crenatum*, *Br. calycinum*, *Begonia Rex*, *Utricularia exoleta* [1904]; von BEHRE [1929] für *Drosera rotundifolia*, usw.)

Später im Jahr, wenn die Samen ausgefallen sind und nur noch die Rosette am Leben ist, fördert die Entfernung der Achselknospen und des Vegetationspunktes nicht mehr eindeutig die Bildung von Adventivwurzeln auf den Blättern. Das kann seinen Grund entweder darin haben, daß es in den seltensten Fällen gelingt, die Achselknospen und den Vegetationspunkt vollständig zu entfernen, sodaß an diesen Stellen doch bald neue Sprosse entstehen, während der Blütenstand natürlich nicht neu gebildet werden kann, oder daß die Beziehungen zwischen dem stark wachsenden blütentragenden Sproß und den Blättern besonders enge sind. Zugunsten der letzten Deutung spricht die Beobachtung, die beim Sammeln der Pflanzen gemacht wurde, daß gegen das Ende der Vegetationsperiode im Hochsommer viel häufiger Adventivwurzeln auf den festsitzenden Blättern zu finden waren als im Frühjahr.

In diesem Zusammenhang ist noch ein Fall zu erwähnen, bei dem eine anomale Ausbildung der Blüten gleichzeitig mit besonders lebhaften Adventivbildungen der Blätter auftrat. Im Frühjahr 1930 fand sich unter den Pflanzen ein Exemplar mit vergrünten Blüten, die im übrigen morphologisch normal ausgebildet waren, die Kronblätter vielleicht etwas kleiner als normal. Alle Teile der Blüte waren grün gefärbt. An dieser Pflanze entwickelten sich in feuchter Atmosphäre besonders kräftige Adventivbildungen, sowohl Wurzeln als auch Sprosse, auch auf den höchsten Stengelblättern, wo sie sonst nur selten auftreten; außerdem trieben die Achselknospen des Blütensprosses aus. Abb. 1 ist eine Photographie dieses Exemplars. In demselben Topf befand sich außerdem ein Sproß mit normal ausgebildeten Blüten, der keine Adventivwurzeln gebildet hatte und dessen Achselknospen sich vollständig in Ruhe befanden, obgleich er natürlich denselben äußeren Verhältnissen ausgesetzt gewesen war wie der vergrünte Sproß. Vergrünung und andere Mißbildungen an den Blüten von *Cardamine pratensis* scheinen nicht selten zu sein und sind in der Literatur hier und da erwähnt (Literaturangaben bei PENZIG [1921] I, S. 93), es fand sich aber nirgends eine Angabe darüber, ob sie ebenfalls gleichzeitig mit gesteigerter Bildung von Adventivwurzeln auftraten.

Für das Nichtauftreten von Adventivbildungen an der normalen Pflanze von *Cardamine pratensis* ist demnach der ungestörte Zusammenhang aktiver meristematischer Zonen und des Blattes von großer Wichtigkeit, mit anderen Worten: die ungestörten korrelativen Beziehungen beider Teile. „Korrelation" soll hier stets als kausaler Begriff im Sinne von UNGERER (1926) verwendet werden für die „Beziehungen zwischen Vorgängen im Organismus, die wir als ursächlich verknüpft ansehen müssen". Korrelationen treten uns im Leben der Pflanzen überall entgegen. Keine höher differenzierte Pflanze mit verschiedenartigen Organen ist denkbar ohne wechselseitige Beziehungen zwischen ihren Teilen. Trotzdem ist meist nur die Tatsache, daß derartige Beziehungen vorliegen, bekannt, die Art und Weise ihres Zustandekommens aber noch gänzlich unerforscht. Es handelt sich offenbar um ein Ineinanderspielen einer großen Anzahl von Faktoren, sodaß es heute noch nicht möglich ist, eine befriedigende Analyse durchzuführen.

Abb. 1. Gleichzeitiges Auftreten von Vergrünung der Blüten und Adventivsproß- und -wurzelbildung bei *Cardamine pratensis.*

Speziell für das Zustandekommen der korrelativen Beziehungen zwischen Vegetationspunkt und den übrigen Teilen der Pflanze sind eine ganze Anzahl von Möglichkeiten herangezogen worden. Es sollen wenigstens in kurzen Worten die wichtigsten Vorstellungen, die man sich über das Wesen dieser Korrelation gemacht hat, angeführt werden.

Die verbreitetste Anschauung ist vielleicht auch heute noch die einer stofflichen Beeinflussung der Teile des Organismus untereinander in dem Sinne, daß ein Transport gewisser Substanzen von einem Ort zum andern stattfindet. Es kann sich dabei um verschiedenartige Stoffe handeln. GOEBEL (1905, 1908) denkt in erster Linie an Nährstoffe. Er nimmt an, daß der aktive Vegetationspunkt ein „Anziehungszentrum" für die Bewegung von Baumaterialien darstellt, so daß diese den übrigen Organen nicht in der Menge zur Verfügung stehen, die nötig wäre, um Adventivbildungen zu ermöglichen. Wird der Vegetationspunkt entfernt oder inaktiviert, dann strömen die Nährstoffe in größerer Menge als bisher zu den bis dahin ruhenden Organen und lösen hier neue Entwicklung aus. Eine notwendige Folgerung dieser Anschauung ist die, daß die neue Entwicklung vornehmlich an den Orten einsetzen muß, wo die Nährstoffe gestaut werden; das ist häufig die Stelle, wo der normale Stofftransport unterbrochen worden ist. Viele Beobachtungen über Regenerationserscheinungen sind zugunsten dieser Nährstoffstauungstheorie angeführt worden. SCHOSTAKOWITSCH (1894) glaubt, „daß die Richtung der plastischen Baustoffe in der unverletzten Pflanze den Ort der Regeneration in erster Linie bestimmt". SANDT (1925) schreibt in einer Untersuchung über Beiknospen: „Nicht die Knospe (Vegetationspunkt) ist das Primäre, das die Baustoffe zu sich hinzieht, sondern der Vegetationspunkt bildet sich dort, wo Bildungsstoffe hinströmen." Auf dem Boden der Stoffstauungstheorie steht auch J. LOEB (1922—24), wenn er Regeneration durch „mass-action" zustande kommen läßt. Die erste und bisher einzige experimentelle Stütze der Nährstoffstauungstheorie erbrachte SIMON (1920). Er fand, daß an den Blättern von *Sinningia* Kallusbildung einsetzt, wenn eine bestimmte Konzentration von Kohlehydraten, besonders von reduzierendem Zucker, im Gewebe erreicht ist. Doch läßt auch seine Methode keine Entscheidung darüber zu, ob die Zuckeranhäufung primärer Anlaß zur Zellteilung oder sekundäre Begleiterscheinung ist, und SIMON selbst warnt vor vorzeitiger Verallgemeinerung seiner Ergebnisse.

Von anderen Seiten werden mannigfache Bedenken gegen diese Theorie erhoben. Bereits MOSZKOWSKI in „ MORGAN, Regeneration" (1907) stellt die einfache Überlegung an: „Schneidet man ein Stück von einer Pflanze ab, entblättert dasselbe und hängt es im Dunkeln auf, so beginnen die Seitenknospen auszutreiben... Das Stück muß dieselbe Quantität Stärke besitzen wie früher als es noch an der Pflanze saß; und doch reicht die Menge auf einmal aus, um die bis dahin latenten Seitenknospen zur Entfaltung anzuregen." HARTSEMA (1926) gelang es nicht, eine Anhäufung von Stärke in der Nähe der Neubildungsstellen an *Begonia*-Blättern nachzuweisen, obwohl die Blätter beträchtliche Stärkemengen enthalten. Auch PLETT (1921) fand bei Untersuchungen über die Regeneration von Internodien keinen Zusammenhang zwischen dem Entstehungsort der Adventivsprosse und der Stärkeverteilung. Neuerdings hat BEHRE (1929) schwerwiegende Gründe gegen die Nährstoffstauungstheorie geltend gemacht. Er konnte zeigen, daß stärkefrei gemachte *Drosera*-Blätter auch im CO_2-freien Raum Adventivsprosse bilden, d. h. unter Bedingungen, unter denen sicher nicht ein Überschuß an Nährstoffen als regenerationsauslösendes Moment in Frage kommt. In der Arbeit von BEHRE findet sich auch eine eingehende Erörterung aller wichtigen Arbeiten für und wider Stoffwanderung und Stoffstauung als korrelations- und regenerationsbedingende Faktoren.

Andere Forscher setzen an die Stelle der Nährstoffe spezifische Wuchsstoffe, die nach dem Vegetationspunkt hinströmen und deshalb in den übrigen Organen der Pflanze nicht zur Wirkung kommen können. Neuere reizphysiologische Untersuchungen von STARK (1927), CHOLODNY (1929), F. W. WENT (1928), NIELSEN (1930) u. a. haben die Existenz wachstumsregulierender Stoffe zum mindesten sehr wahrscheinlich gemacht. Derartige Substanzen sind bereits in sehr geringen Konzentrationen wirksam. Interessant ist in diesem Zusammenhang eine neuere Untersuchung von F. W. WENT (1929), die an Zweigstücken von *Acalypha* durchgeführt wurde. Der Verfasser folgert aus seinen Versuchen, daß „a special root-producing substance" in den Blättern und Knospen entsteht und von da im Phloëm nach dem Stamm geleitet wird, wo sie Adventivwurzelbildung hervorruft. F. A. C. A. WENT (1930) überträgt neuerdings diese Anschauung auf die Verhältnisse bei *Bryophyllum calycinum*. Er nimmt an, daß in den Blättern wurzelbildende Substanzen entstehen, die im Normalfall zur Wurzel geleitet werden. Werden die Wurzeln vom Stamm getrennt, so gelangen diese Substanzen nur bis in den Stamm und lösen hier die Bildung von Adventivwurzeln aus. Schneidet man das Blatt ab, so können die Substanzen nicht abgeleitet werden und es entstehen am Blatt selbst Wurzeln. In dem Abschnitt über *Bryophyllum* wird noch einmal auf die WENTsche Anschauung zurückzukommen sein, die auffallend an die uns historisch anmutenden Vorstellungen von SACHS erinnert. SACHS (1893) betrachtet nämlich die lokalisierte Anhäufung bestimmter Bildungsstoffe, der sproß- und wurzelbildenden Substanzen, als ausschlaggebend für das Auftreten von Regeneraten.

Linsbauer (1926 c) gelangt an Hand seiner Versuche über die Regeneration von Farnprothallien zu dem Ergebnis, daß „Anreicherung von in diesen (d. h. mechanisch oder physiologisch isolierten Zellen oder Zellgruppen) gebildeten, aber normaler Weise zu den embryonalen Herden abgeleiteten Stoffen“ der Anstoß zur Regeneration sei. Über die Natur dieser Stoffe gibt er nichts Näheres an. Eine Übertragung dieser Anschauung auf höhere Pflanzen hält er für unstatthaft.

Von Errera (1905) wurde versucht, die Korrelation zwischen Vegetationspunkt und übriger Pflanze auf eine Wirkung von Hemmungsstoffen zurückzuführen („excitations inhibitoires de nature catalysatrice“), die in umgekehrter Richtung vom Vegetationspunkt nach den übrigen Teilen geleitet werden. Auch MacCallum (1905) spricht gelegentlich von hemmenden Hormonen. Eine experimentelle Stütze dieser Anschauung existiert nicht. Ihre besondere Schwierigkeit besteht darin, daß diese Hemmungsstoffe an ihrem Entstehungsort unwirksam sein müßten.

Mac Callum (1905) führt die im Gewebeverband herrschenden Wechselbeziehungen ganz allgemein auf Reize („stimuli“) zurück, die vom lebenden Protoplasma weitergeleitet werden und zwischen den einzelnen, oft weit voneinander entfernten Teilen der Pflanze wirksam sind. Ob es sich dabei um stoffliche Übertragung handelt oder nicht, ist nicht klar zu ersehen. Vornehmlich sollen diese Reize vom Vegetationspunkt ausgehen und das Wachstum anderer Organe hemmen. Es handelt sich hierbei natürlich nur um eine Umschreibung des Tatbestands, womit nicht viel gewonnen ist.

Child u. Bellamy (1920) bringen einen neuen Gesichtspunkt in die Diskussion des Problems. An die Stelle einer substantiellen Übertragung setzen sie — wahrscheinlich von Vorstellungen ausgehend, die auf zoologischem Gebiet gewonnen wurden — eine energetische, die durch das aktive Protoplasma weitergegeben wird. Zu dieser Schlußfolgerung kommen sie auf negative Weise. Sie fanden, daß die Abkühlung einer Zone des Blattstiels beim festsitzenden Blatt von *Bryophyllum calycinum* das Austreiben der Blattmeristeme zur Folge hat, ohne daß das Blatt welkt wie ein abgeschnittenes Kontrollblatt. Deshalb nehmen sie an, daß die Stoffleitung zwischen Blatt und übriger Pflanze nicht unterbrochen sein kann, obgleich die Korrelation zwischen Vegetationspunkt und Blatt aufgehoben sein muß; daß also Korrelation nicht durch stoffliche Übertragung zu erklären ist. Man wird abwarten müssen, ob sich weitere Argumente zugunsten dieser Anschauung finden lassen werden; vorläufig erscheint mir die Schlußfolgerung nicht zwingend. Man könnte in diesem Fall wohl mit demselben Recht annehmen, daß nur eine Verzögerung der Stoffleitung vorliegt, etwa so, daß zwar noch soviel Wasser in das Blatt gelangt, daß es nicht welkt, daß aber die Leitung anderer Stoffe (etwa der Assimilate oder auch der Wuchshormone, wie sie von anderer Seite angenommen werden [Went]) über die abgekühlte Zone hinweg wesentlich verlangsamt oder unterbunden wird.

Sowohl stoffliche als auch energetische Übertragung sind leichter vorstellbar mit Hilfe des Bildes einer Potentialdifferenz oder eines Gefälles zwischen den einzelnen Organen der Pflanze. Der Begriff des „physiologischen Gradienten“ ist von Child (1928) im Anschluß an Morgan zunächst auf zoologischem Gebiet herausgearbeitet worden; doch kommt ihm wohl auch in der Botanik Bedeutung zu. Morgan, der als erster an ein quantitativ abgestuftes Gefälle („tension“) zur Erklärung von Korrelationen dachte, spricht einmal die Vermutung aus (1903, S. 206), daß es sich dabei um osmotische Differenzen handele, ohne daß es ihm gelang, derartiges nachzuweisen. Inzwischen sind durch neuere Untersuchungen sowohl bei höheren Pflanzen (vgl. z. B. Arbeiten von URSPRUNG u. BLUM [1916, 1918], ILJIN [1929] u. a.), als auch bei Farnprothallien (von GRATZY-WARDENGG [1929]) Abstufungen des osmotischen Werts und der Saugkraft innerhalb des Organismus festgestellt worden. Wenn man nach der neuen Arbeit von MÜNCH (1930) vielleicht annehmen darf, daß einem derartigen Gefälle des osmotischen Werts Bedeutung für den Stofftransport durch Massenströmung zukommt, so muß doch die weitere Frage vorläufig noch offen bleiben, ob korrelative Abhängigkeiten und Abstufungen des osmotischen Werts innerhalb der Pflanze in Zusammenhang stehen.

Außer den korrelativen Beziehungen ist die Luftfeuchtigkeit von großer Bedeutung für das Auftreten von Adventivbildungen bei *Cardamine pratensis*. Im Frühjahr wurden an einigen blühenden Pflanzen alle Achselknospen und Blüten entfernt, die Pflanzen mit den Töpfen im Freiland belassen und nur soviel begossen, daß sie nicht welkten. An diesen Exemplaren entwickelten sich keine Adventivbildungen. Daß die Luftfeuchtigkeit hier mehr als formale Bedingung ist, ergibt sich aus dem folgenden Versuch. An einigen Pflanzen wurde je ein festgewachsenes Blatt in Wasser getaucht. Nach einigen Tagen entwickelten sich an diesen Blättern Adventivwurzeln und -sprosse, während solche auf den übrigen Blättern, die sich in Luft befanden, ausblieben. In diesem Versuch handelt es sich also um eine direkte Einwirkung auf das Blatt, die die Entwicklung von Adventivbildungen auslöst, und nicht um eine indirekte Beeinflussung desselben über eine Schädigung des Vegetationspunktes. Ein Austreiben der Blattmeristeme ist demnach nicht nur nach Schädigung des Vegetationspunktes oder nach Unterbrechung der korrelativen Beziehungen zwischen Vegetationspunkt und Blatt (d. h. nicht nur als echte Restitution) möglich. Wie bereits erwähnt wurde, treten an den festsitzenden Blättern Adventivbildungen auch auf, wenn man die ganze Pflanze in eine feuchte Atmosphäre bringt; man darf nun wohl schließen, daß auch in diesem Fall die Feuchtigkeit direkt auf das Blatt einwirkt.

Noch einem Einwand ist hier zu begegnen. Es wäre denkbar, daß auch die ungestörte Tätigkeit der Wurzel von Bedeutung für das Nichtauftreten von Adventivbildungen im Normalfall ist. Darüber liegen keine Versuche vor. Durch die erhöhte Luftfeuchtigkeit wird die Transspiration der Blätter gehemmt. Wollte man nun annehmen, daß infolge dieser Transpirationshemmung die Korrelation zwischen Blatt und Wurzel gestört und das Austreiben der Meristeme auf diese Weise zu erklären sei, so liegt auch dafür kein zwingender Grund vor; denn die Tätigkeit der Wurzeln ist natürlich keineswegs aufgehoben, die Pflanze wächst ja weiter und entwickelt neue Blätter, also müssen ihr Nährsalze aus dem Boden zugeführt werden. Ob dann die Transpirationshemmung oder nach KLEBS (1903) allein der erhöhte Feuchtigkeitsgehalt des Blattes ausschlaggebend für die Wurzelentwicklung ist, läßt sich natürlich nicht entscheiden, ist auch für unsere Fragestellung weniger wichtig, da beide Veränderungen auf das Blatt allein beschränkt sind. Soviel steht jedenfalls fest, daß es sich nicht um ein „Inaktivieren" oder „Ausschalten" eines Organs handelt, wenn eine *Cardamine*-Pflanze in feuchte Atmosphäre gebracht wird; das bedeutet aber, daß die Voraussetzungen zur Restitution nicht gegeben sind, und doch entwickeln sich neue Wurzeln und Sprosse. Die Erscheinung der vegetativen Fortpflanzung ist demnach hier nicht als Restitution zu bezeichnen.

Einblick in die korrelativen Abhängigkeiten gewährten weiter Versuche, bei denen die Entwicklung von Adventivbildungen an bestimmten Stellen durch Einwirkung von Radiumstrahlen unterdrückt wurde.

Der weitaus größte Teil der zahlreichen Arbeiten über die Einwirkung von Radiumstrahlen auf das lebende Protoplasma berichtet über Schädigungen mannigfacher Art als Folgen der Bestrahlung. Daneben stehen die Angaben über Entwicklungsanregung ruhender Winterknospen durch Radiumeinwirkung (Molisch 1912) und Angaben über Stimulationswirkungen radioaktiver Substanzen von Stoklasa (1930).

Zu meinen Versuchen standen mir zwei $RaBr_2$-Präparate des Leipziger Botanischen Instituts von 0,541 und 0,460 mg Ra-Gehalt[1] zur Verfügung. Die Präparate sind in Glasröhrchen eingeschmolzen; diese wurden in dickwandige Bleirohre eingesetzt, die eine kreisrunde Öffnung von 4 mm Durchmesser haben, und die Bleirohre während der Bestrahlungszeiten in einem Stativ befestigt. Die Entfernung zwischen dem Pflanzenteil und dem Ra-Röhrchen betrug stets wenige Millimeter. In allen Fällen wurde die Basis des Endblättchens eines abgeschnittenen Fiederblattes bestrahlt.

1. Bestrahlungszeit von 30—40 Stunden. Vollständige Unterdrükkung der Wurzel- und Sproßbildung an der bestrahlten Stelle. Die Entwicklung der Meristeme an der Basis der anderen Blättchen desselben Blattes wird davon nicht beeinflußt. Auf dem bestrahlten Blättchen findet Regeneration in manchen Fällen auf der Spreite oberhalb der bestrahlten Stelle statt.

2. Bestrahlungszeit von 24 Stunden. Wurzeln erscheinen an der bestrahlten Stelle deutlich verzögert gegenüber Kontrollexemplaren und entwickeln sich nicht über ein Anfangsstadium hinaus; Sproßbildung bleibt an dieser Stelle vollständig aus. Z. B. 3. VI. 1929. Zwei Blätter wurden 24 Stunden an der Basis des Endblättchens mit Radium bestrahlt. 12. VI. 1929. Eins der bestrahlten Endblättchen ohne Regenerat, das andere mit einer kleinen Wurzelspitze an der bestrahlten Stelle. Acht Kontrollblätter haben an der Basis aller Endblättchen Wurzeln ge-

[1] Die Messung und Berechnung des Ra-Gehalts der Präparate wurde im Physikalischen Institut der Universität Leipzig ausgeführt, wofür hier bestens gedankt sei.

bildet. 14. VI. 1929. Auf beiden bestrahlten Endblättchen befinden sich kurze Würzelchen. 24. VI. 1929. Diese Würzelchen haben sich nicht wesentlich weiterentwickelt. Die Kontrollblätter tragen kräftige Sprosse an den betreffenden Stellen.

3. Bestrahlungszeit von 2—14 Stunden. Es ist kein Unterschied zwischen bestrahlten Blättern und Kontrollen festzustellen.

Eine wachstumsfördernde Wirkung der Radiumbestrahlung wurde hier bei den Versuchen mit *Cardamine* wie auch an anderen Objekten niemals beobachtet.

Aus dem Versuch geht hervor, daß die einzelnen Knospen eines Blattes einander nicht beeinflussen. Der folgende Versuch bestätigt diesen Befund. Zerlegt man von einer bestimmten Anzahl isolierter *Cardamine*-Blätter die eine Hälfte in einzelne Blättchen und kultiviert die andere Hälfte unzerteilt, so bekommt man in beiden Fällen in derselben Zeit etwa die gleiche Anzahl von Regeneraten. Auf dem Endblättchen treten oft außer den Regeneraten an der Basis auch weiter oberhalb auf der Spreite Wurzeln und Sprosse auf. Mit Sicherheit bekommt man an diesen Stellen Regenerate, wenn man den Hauptnerv eines Fiederblättchens durchschneidet. Ebenso treten hier in vielen Fällen Regenerate auf, wenn man die Basis durch Bestrahlen mit Radiumstrahlen inaktiviert. Ganz ähnlich beschreibt auch RIEHM, daß er Wurzelbildung auf der Spreite bekam, wenn er die Basis mit Gips oder Plastilin verklebte.

Meine Aufgabe war es nun zu versuchen, die Entwicklung der Adventivwurzeln bei *Cardamine*, d. h. das Austreiben meristematischer Gewebe, experimentell zu fördern. Die Beziehungen zum Frühtreiben und zur Samenstimulation sind mit dieser Aufgabestellung gegeben. Die Zahl der Mittel, die mit gutem Erfolg beim Frühtreiben und bei der Samenstimulation verwendet wurden, ist bereits sehr groß. Es handelt sich dabei um die verschiedenartigsten Stimulantia physikalischer und chemischer Natur. (Eine Zusammenstellung der Frühtreibmittel findet sich bei WEBER [1922] und BORESCH [1929], der Samenstimulationsmittel bei NIETHAMMER [1928 c].) Interessant ist vor allem, daß häufig die gleichen Mittel auf ruhende Winterknospen und auf Samen stimulierend wirken. Es erschien nun als verlockende Aufgabe, wenigstens für einige dieser Stimulantia zu untersuchen, ob sie auch auf die Blattmeristeme von *Cardamine* entwicklungsanregend wirken.

a) Versuche an isolierten Blättern.

Zu diesem Zweck wurden zunächst Reihen von Versuchen mit abgeschnittenen Blättern angesetzt. Von einer Anzahl (20—40) möglichst gleichartiger Blätter wurde die eine Hälfte der Behandlung ausgesetzt, die andere Hälfte unter gleichen Verhältnissen als Kontrollexemplare kultiviert. Alle 2—3 Tage wurde die Anzahl der makroskopisch sichtbaren Regenerate unter Berücksichtigung ihrer Größe aufgenommen. Die Länge der Wurzeln genau zu messen, war nicht möglich, da sie bald in den Sand eindringen und dann nicht mehr zu verfolgen sind.

Als Stimulantia wurden angewendet: 1. Warmbad, 2. Wasserstoffatmosphäre, 3. Stickstoffatmosphäre, 4. Vakuum. (Genaueres über die Versuchsanordnung siehe weiter unten.)

Bei den Versuchen 1—3, die jeweils mehrmals mit verschiedenen Temperaturen und verschiedenen Einwirkungszeiten wiederholt wurden, konnte kein Unterschied im Sinne einer Förderung des Regenerationsvorgangs der behandelten Blätter gegenüber den Kontrollen festgestellt werden. Eine Schädigung der Versuchsblätter bei zu hohen Temperaturen oder zu lang ausgedehnten Einwirkungszeiten wurde mehrmals beobachtet. Bei Versuch 4 war die Wurzelbildung der Versuchsblätter sicher nicht gefördert, die Entwicklung der Blattregenerate vielleicht ein wenig beschleunigt. Einen verschiedenen Einfluß des Vakuums auf die Wurzel- und Sproßbildung hat bereits RIEHM beobachtet. Er gibt an, daß die Wurzelbildung ganz unterdrückt wurde, die Sproßbildung hingegen nicht, wenn er *Cardamine*-Blätter bei einem Luftdruck von 160 mm Hg kultivierte.

Meine Versuche scheiterten daran, daß auch die Kontrollexemplare sehr rasch und lebhaft regenerierten. Die Entwicklung der Regenerate ist durch das Abtrennen der Blätter bereits eingeleitet und verläuft — günstige äußere Bedingungen vorausgesetzt — wahrscheinlich schon so lebhaft, daß sie kaum wesentlich schneller erfolgen kann. Die individuellen Schwankungen zwischen den einzelnen Blättern einer Kultur sind, obwohl sich diese unter gleichen äußeren Verhältnissen befinden, doch zu groß, als daß man eine geringe Beschleunigung des Regenerationsvorgangs, auch bei Versuchen mit großen Zahlen, feststellen könnte. Deshalb sind derartige Versuche wenig aussichtsreich, solange man nicht mit exakteren Messungen an die Sache herankann.

b) Versuche an ganzen Pflanzen.

Die geschilderte Schwierigkeit mußte wegfallen, wenn man an Stelle der isolierten Blätter ganze Pflanzen zu den Versuchen verwendete. Wie bereits erwähnt wurde, treiben zwar feucht gestellte Pflanzen häufig Wurzeln auf den Blättern, doch verläuft dieser Vorgang eindeutig rascher und lebhafter, wenn die Blätter abgeschnitten werden; es war also zu hoffen, daß in diesem Fall eine Stimulation deutlicher zutage treten würde. Die Pflanzen wurden vor der Behandlung mäßig feucht gehalten, nach der Behandlung zu gleicher Zeit mit Kontrolltöpfen unter Glasglocken in einen feuchten Raum gebracht. Die Behandlung setzte also zu einer Zeit ein, zu der sich die Knospen noch in Ruhe befanden. Für Versuch und Kontrolle wurden stets Pflanzen mit annähernd gleicher Blattzahl und möglichst ähnlichem Gesamtzustand gewählt.

1. Versuche mit Blausäure.

Eines der bekanntesten und am sichersten wirkenden Frühtreibmittel ist Blausäuregas (vgl. GASSNER 1925, 1927). Auch auf Samen wirkt HCN stimulierend. HASSEBRAUK (1928) gelang es, den Keimverlauf unreifen und nicht nachgereiften Weizens durch Begasung mit Blausäure zu fördern.

Die Begasung wurde nach dem Vorbild von HASSEBRAUK (S. 411) vorgenommen. Unter einer tubulierten Glasglocke von 8—12 Liter Inhalt, die mit Vakuumfett einer Glasplatte aufgedichtet war, befanden sich die Pflanze, ein Becherglas mit der abgemessenen Menge KCN-Lösung oder abgewogenen Menge von festem KCN und ein Erlenmeyerkolben mit Schwefelsäure. Von außen konnte nun über eine Glasrohrverbindung mit Hilfe einer Handdruckpumpe die Schwefelsäure in das Becherglas übergepumpt werden. War genügend Schwefelsäure übergetrieben, so wurden die beiden Glasrohre des doppelt durchbohrten Stopfens der Glasglocke gut verschlossen und die Glocke mit einem großen Dunkelsturz überdeckt. Nach Ablauf der Versuchszeit wurden die Pflanzen auch im Dunkeln gelüftet.

Da nach BORESCHS Untersuchungen die Vermutung nahe lag, daß es bei der Entwicklungsanregung wesentlich auf eine Hemmung des rein oxydativen Betriebsstoffwechsels ankommt — worauf später noch ausführlich eingegangen werden soll —, wurde Wert darauf gelegt, die Versuche nicht unnötig zu komplizieren, d. h. neben die Atmungshemmung durch HCN noch eine Assimilationshemmung zu setzen. Außerdem ist nach WARBURG (1919) bekannt, daß die Assimilation weitaus empfindlicher ist gegen HCN, als die Atmung; es war also zu fürchten, daß die Assimilationshemmung schon schädigend auf den Gesamtorganismus wirkt, ehe die Atmung merklich beeinflußt wird, da wir nach den Untersuchungen von NOACK (1925) wissen, daß bei einer Assimilationshemmung im Licht Schädigungen des Protoplasmas und der Chloroplasten auftreten, die auf eine photodynamische Wirkung des Photokatalysators der Chloroplasten zurückzuführen sind.

Die Begasungsversuche mit Blausäure ergaben, daß eine Behandlung mit 0,25—0,5% HCN bei einer Einwirkungszeit von 3—4 Stunden eine deutliche Förderung der Entwicklung der Adventivbildungen an festsitzenden Blättern von *Cardamine pratensis* bewirkt. Die Wurzeln treten an den Versuchspflanzen früher auf als an den Kontrollen, sie entwickeln sich rascher und kräftiger und vor allem in größerer Zahl. Z. B. war eine Pflanze am 24. IV. 1930 einer 3stündigen Einwirkung von 0,25% HCN ausgesetzt worden. Am 7. V. 1930 hatte die Versuchspflanze 13 zum Teil recht lange Wurzeln gebildet, die Kontrolle eine sehr kleine Wurzel. Diese fördernde Wirkung der Blausäure gilt ebensowohl für Pflanzen im Frühling, wenn der Blütensproß noch vorhanden ist, als auch für spätere

Stadien. Abb. 2 ist eine Photographie einer im Juli 3 Stunden mit 0,25% HCN begasten Pflanze neben einer Kontrollpflanze. Werden die Versuche lange genug fortgesetzt, so entwickeln sich an den Versuchsexemplaren kräftige Adventivsprosse, die an den Kontrollen meist fehlen. Daß die vorübergehende Verdunkelung als solche, der die Kontrollen nicht ausgesetzt wurden, keinen Einfluß auf die Knospenentwicklung hat, geht aus den zahlreichen Versuchen hervor, bei denen zu geringe Konzentrationen in Anwendung gebracht wurden, sodaß die Wurzelentwicklung nicht gefördert wurde, obgleich eine Verdunkelung vorge-

Abb. 2. Rechts mit HCN begaste Pflanze von *Cardamine pratensis*. Links Kontrolle.

legen hatte. Dasselbe gilt auch für die folgenden Versuche mit anderen Agenzien.

Die Empfindlichkeit der einzelnen Pflanzen ist natürlich verschieden; so kam es vor, daß nach einer Behandlung mit 0,5% HCN bei einer Einwirkungszeit von 3 Stunden schon deutliche Schädigungen auftraten, während dieselbe Behandlung von anderen Pflanzen gut überstanden wurde. Die stimulierenden Konzentrationen liegen demnach dicht neben den schädigenden; derartige Beobachtungen sind bereits beim Frühtreiben häufig gemacht worden.

Wichtig ist natürlich bei diesen Versuchen auch die Zeitdauer der Einwirkung des Giftes. Je kürzer die Einwirkungszeit, desto höhere Konzentrationen werden ertragen. Z. B. wurde eine Konzentration von 1% bei einer Versuchszeit von 1 Stunde noch ohne Schädigung ertragen und wirkte stimulierend, bei längeren Einwirkungszeitsn schädigte sie regelmäßig. Andererseits sind selbst geringe Konzentrationen bei längerer Einwirkungszeit schädlich; so wirkte z. B. 0,06% HCN bei 15stündiger Begasungsdauer bereits letal.

Die Reaktionszeit der Pflanzen ist weitgehend abhängig von der Temperatur; die Wurzelbildung kann bereits nach etwa 5 Tagen einsetzen, sie kann aber auch länger verzögert werden. Meine Pflanzen wurden im Freien auf einem Balkon des Instituts gehalten und waren so den Schwankungen der Außentemperatur ausgesetzt. Sehr ungünstig wirkten niedere Temperaturen unter 10^0 C, die Pflanzen faulen dann oft in feuchter Atmosphäre und bilden keine Adventivwurzeln. Auch auf das Abschneiden des Blütenstandes und Entfernen der Achselknospen (siehe oben!) reagieren sie dann nicht. Eine mittlere Temperatur von über 10^0 C ist demnach notwendige Bedingung für das Auftreten von Adventivbildungen.

Das sicherste Kriterium dafür, daß der Vegetationspunkt der Pflanze durch die Begasung nicht geschädigt wurde, ist wohl, daß er nach der Behandlung weiterwuchs und neue Blätter ausbildete. Weiter spricht die Beobachtung, daß bei einer Pflanze, die 2 Stunden lang einer Konzentration von 0,5% HCN ausgesetzt worden war, alle älteren Blätter nach der Behandlung abstarben, während die jüngeren weiterwuchsen, nicht dafür, daß vornehmlich der Vegetationspunkt von dem Gas angegriffen wird. Um ganz sicher zu gehen, wurden Handschnitte durch die obersten Internodien dicht am Vegetationspunkt angefertigt, sowohl bei Pflanzen, die nach der Begasung Adventivwurzeln gebildet hatten, als bei unbehandelten Kontrollen ohne Adventivbildungen. Beide Schnittarten waren frisch und grün und wiesen keinerlei Unterschiede auf. In beiden Fällen wurde Plasmolyse mit KNO_3-Lösung beobachtet, das Gewebe erschien demnach vollständig intakt.

Im Juli 1930 wurden an 10 Pflanzen der Vegetationspunkt entfernt und alle Achselknospen, deren man habhaft werden konnte. So präparierte Pflanzen wurden nun mit HCN begast. Die behandelten Exemplare trieben bald Wurzeln, die Kontrollen sehr spärlich oder gar nicht. Z. B. war am 21. VII. eine Pflanze 3 Stunden lang mit 0,5% HCN behandelt worden, am 26. VII. hatte sie 9 Wurzeln entwickelt, die Kontrolle eine. Bald stellte sich heraus, daß sowohl Kontroll- als auch Versuchspflanzen aus stehengebliebenen Meristemresten in den Blattachseln neue Blätter entwickelten. Die Achselknospen waren demnach durch die Begasung nicht geschädigt worden, und obwohl sie sich entwickelten, hatten die Blätter Adventivwurzeln gebildet.

Daß der Vegetationspunkt sein Wachstum während der Begasung einstellt, ist sehr wahrscheinlich; daß aber diese kurze Unterbrechung während einer Zeit, zu der auch die Blattknospen noch keineswegs in

Tätigkeit sind, genügen sollte, um die Knospen zum Austreiben zu veranlassen dadurch, daß die korrelative Hemmung aufgehoben worden ist, erscheint mir mehr als unwahrscheinlich. Ich möchte vielmehr annehmen, daß die Blausäure die Blattmeristeme selbst angreift.

Da zunächst einmal angenommen wurde, daß die zeitweise Hemmung der Sauerstoffatmung durch HCN für das Zustandekommen der Treibwirkung wichtig ist, wurde geprüft, ob die Wirkung der Begasung dadurch aufgehoben werden kann, daß man das Gift nicht nur mit Luft, sondern mit O_2 austreibt, indem man sofort nach der Behandlung die Pflanze für einige Stunden unter eine Glasglocke setzt, durch die ein konstanter Strom von Sauerstoff geleitet wird. Es gelang nicht, die Stimulationswirkung der Blausäure auf diese Weise zu beseitigen.

2. Versuche mit Warmbad.

Das laue Bad wird als Treibmittel für Holzgewächse seit den Untersuchungen Molischs (1908, 1909) in der gärtnerischen Praxis viel verwendet; auch zum Treiben von Knollen und Rhizomen wird es mit gutem Erfolg benutzt (Müller-Thurgau 1911/12). Niethammer (1928a) berichtet über positive Stimulationserfolge eines warmen Bades bei verschiedenen Samen. Kakesita (1928) gelang es, durch eine Warmbadbehandlung die ruhenden Meristeme an festsitzenden Blättern von *Bryophyllum calycinum* zur Entwicklung anzuregen, worauf später noch zurückzukommen sein wird.

Bei meinen Versuchen wurden die oberirdischen Teile der eingetopften Pflanzen in umgekehrter Lage ins Wasser eingetaucht. Sie verblieben etwa 8—12 Stunden in einem Thermostaten bei 34—35° C, wo sie dunkel standen.

Eine solche Warmbadbehandlung hatte den gleichen Erfolg wie eine Begasung mit HCN, sie wirkte ebenfalls stimulierend auf das Austreiben der Knospen der Blätter. Z. B. war eine Pflanze am 25. V. 1929 8 Stunden einem warmen Bad bei 35° C ausgesetzt worden, am 17. VI. 1929 hatte sie 53 Wurzeln, darunter solche von beträchtlicher Länge, getrieben, die Kontrolle 7 viel kürzere Wurzeln. Höhere Temperaturen als 35° C und längere Einwirkungszeiten als 12 Stunden wirkten meist schon schädigend, sodaß die Blätter vielfach abstarben. Auch hier grenzt der wirksame Bereich direkt an den schädigenden. Natürlich wurden bei diesen und allen folgenden Versuchen nur solche Versuche weiterverfolgt, bei denen der Vegetationspunkt nach der Behandlung ungestört weiterwuchs und die Pflanze keinerlei Schädigung zeigte.

3. Versuche mit Äther.

Äther war das erste Mittel, dessen frühtreibende Wirkung bekannt wurde (Johannsen 1906). Es wird für praktische Zwecke viel benutzt und wirkt sehr sicher. Über eine keimungsfördernde Wirkung von Äther auf Gerstensamen berichtet Kiessling (1911).

Die praktische Ausführung meiner Versuche gestaltete sich sehr einfach. Die Pflanzen wurden unter eine Glasglocke gebracht, wo eine abgemessene Äthermenge verdunstete. Begasung und Lüftung geschah stets im Dunkeln.

Auch mit Hilfe von Äther gelang es, die Adventivknospen von *Cardamine* zur Entwicklung anzuregen. Am wirksamsten erwies sich eine Dosis von etwa 0,8 ccm Äther pro l Luftraum und etwa 15 Stunden Einwirkungszeit bei mittleren Temperaturen von etwa 16° C. Z. B. war eine Pflanze vom 6. V. 1930 bis 7. V. 1930 15 Stunden lang einer Konzentration von 0,8 ccm Äther pro l Luft ausgesetzt worden. Die Pflanze, die einen Blütensproß trug, hatte am 17. V. 1930 13 Wurzeln, sowohl auf Stengel- als auch auf Rosettenblättern gebildet, die Kontrolle 2 Wurzeln. Stärkere Ätherdosen als die angegebene schädigten bereits meist. Bei den Ätherversuchen ist die Abhängigkeit der Wirkung von der Temperatur besonders auffällig. Eine Dosis, die bei 12° C von *Cardamine pratensis* ohne Schädigung ertragen wird, kann kei 22° C bereits letal wirken. Daß die Wirkungsstärke der Narkotika in Bezug auf die verschiedensten Lebensvorgänge in hohem Maße von der Temperatur abhängt, ist schon lange bekannt. (Beispiele bei WINTERSTEIN 1926.) Auch JOHANNSEN fand bei Frühtreibversuchen, daß eine Ätherdosis, die bei 0° fast keine Wirkung ausübte, die Pflanzen bei 30° töten kann.

4. Versuche mit Chloroform.

Es wurden einige Versuche mit Chloroform an Stelle von Äther ausgeführt. (Benutzt wurde Chloroform pro narkosi.) Im ganzen liegen hier nur 13 Versuche vor, deren Ergebnis war, daß eine Dosis von etwa 0,08 ccm C. pro l Luft bei etwa 20stündiger Einwirkungszeit und mittleren Temperaturen von etwa 16° C die Knospenentwicklung fördert, ohne den Vegetationspunkt zu schädigen.

5. Versuche mit Dichloräthylen.

Als drittes Narkotikum wurde Dichloräthylen benutzt, das in größerem Maßstab von DENNY (1926) mit gutem Erfolg zum Treiben von Kartoffeln und von DENNY u. STANTON (1928) zum Treiben von Holzpflanzen angewendet wurde.

Zu meinen Versuchen benutzte ich „Dichloräthylen rein“ von der Firma SCHERING-KAHLBAUM; es wurde ebenso wie Äther in Gasform angewendet. Die Flüssigkeit ließ ich ebenfalls unter einer Glasglocke verdunsten. Die Pflanzen waren während der Begasung und beim Lüften verdunkelt.

Eine Dosis von 0,08 ccm pro l Luft bei einer Einwirkungszeit von 16 bis 24 Stunden förderte die Wurzelentwicklung auf den Blättern von *Cardamine*. Eine 15stündige Begasung mit 0,16 ccm pro l Luftraum wirkte bereits schädigend.

Ähnlich wie bei den Versuchen mit HCN wurden auch hier im Juli einige Pflanzen dem Gas ausgesetzt, nachdem der Vegetationspunkt und die Achselknospen entfernt worden waren. Die Versuche hatten dasselbe Ergebnis wie die Versuche mit HCN: obgleich sich in beiden Gruppen neue Sprosse in den Blattachseln entwickelten, bildeten sich doch auf den Blättern der Versuchspflanzen Adventivwurzeln, die den Kontrollen fast oder vollständig fehlten.

6. Versuche mit Äthylenchlorhydrin.

Äthylenchlorhydrin wurde ebenfalls von Denny mit gutem Erfolg zum Treiben von Kartoffeln und Holzpflanzen verwendet.

Zu meinen Versuchen wurde „Äthylenchlorhydrin rein" der Firma Schering-Kahlbaum benutzt. Die Flüssigkeit ließ ich ebenso wie die anderen Narkotika unter einer Glasglocke verdampfen.

Orientierende Versuche erwiesen zunächst die starke Giftigkeit des Präparats für *Cardamine*-Pflanzen. Bereits 0,08 ccm Äthylenchlorhydrin pro l Luft bei einer Einwirkungszeit von 1 Stunde wirkte tödlich. Selbst noch 0,3 ccm einer 2%igen wässerigen Lösung von Äthylenchlorhydrin pro l Luft tötete bei einer Einwirkungsdauer von 6 Stunden, und 0,08 ccm dieser Lösung pro l Luft bei 13stündiger Begasung schädigte noch sehr stark. Die Schädigung zeigte sich häufig erst, wenn die Pflanze nach der Behandlung wieder ans Licht gebracht wurde. Z. B. war eine Pflanze am 19. VI. 1930 6 Stunden einer Dosis von 0,3 ccm einer 2%igen wässerigen Lösung von Äthylenchlorhydrin pro l Luft ausgesetzt worden, über Nacht wurde sie im Dunkeln ausgelüftet. Am 20. VI. 9 Uhr wurde sie ans helle Sonnenlicht gebracht. Sie war normal grün und turgeszent und wies keinerlei Schädigung auf. Am 20. VI. 15 Uhr waren bereits sämtliche Blätter grau ausgebleicht und schlaff, die Pflanze tot. Wahrscheinlich tritt das Absterben sogar noch rascher ein, die Pflanze war in der Zeit von 9 Uhr bis 15 Uhr nicht angesehen worden. Andere Pflanzen, die nach einer gleichen Begasung mit Äthylenchlorhydrin längere Zeit im Dunkeln gehalten wurden, zeigten derartige Schädigungen nie.

Da für mich diese Ausbleicherscheinungen abseits lagen, beschäftigte ich mich nicht weiter damit[1], stellte auch keine weiteren Versuche mit Äthylenchlorhydrin an, da hier offenbar eine spezielle Schädigung grüner Pflanzenteile vorliegt, die diese Versuche besonders schwer deutbar machen würde.

7. Versuche mit Wasserstoff.

Nach Angaben von F. Weber (1916) ist es möglich, Winterknospen von Holzgewächsen durch eine Wasserstoffbehandlung zur Entwicklung anzuregen. Auch Kakesita (1928) beobachtete ein Austreiben der Knos-

[1] Vgl. ähnliche Erscheinungen in der oben erwähnten Arbeit von K. Noack.

pen an festsitzenden *Bryophyllum*-Blättern, nachdem er die Pflanzen einer Wasserstoffatmosphäre ausgesetzt hatte.

Cardamine-Pflanzen wurden unter einer Glasglocke im Dunkeln während 24—48 Stunden einer H_2-Atmosphäre ausgesetzt.

Auch dieses Mittel wirkte fördernd auf die Entwicklung der Adventivbildungen an festsitzenden Blättern von *Cardamine pratensis*. Z. B. war am 19. VI. bis 20. VI. 1929 eine Pflanze 24 Stunden lang einer H_2-Atmosphäre ausgesetzt worden. Am 8. VII. 1929 hatte sie 18 Wurzeln entwickelt, die Kontrolle eine Wurzel.

8. Versuche mit Schwefelwasserstoff.

Da mit der Möglichkeit gerechnet wurde, daß bei der Entwicklungsanregung die Hemmung rein oxydativer Atmungsvorgänge von Bedeutung ist (ob die oxydoreduktiven Spaltungen dabei unbeeinflußt bleiben oder ebenfalls gehemmt werden, sei vorläufig dahingestellt), wurden Versuche mit Schwefelwasserstoff, einem typischen Atmungsgift, angestellt. Nach Warburg geht H_2S ebenso wie HCN mit dem Eisen des Atmungsferments eine komplexe Verbindung ein, wodurch das Fe katalytisch unwirksam wird.

Über H_2S als Treibmittel für Holzgewächse ist mir nichts bekannt. Es gibt aber eine Angabe von Brandrup (1927), der berichtet, daß Turionen von *Myriophyllum* in H_2S-gesättigter Nährlösung um Wochen früher austreiben als Kontrollen in reiner Nährlösung. Brandrup vermutet, daß H_2S für Pflanzen bestimmter Standorte von ökologischer Bedeutung ist. Weiter hat Sharpe (1930) gefunden, daß H_2S die Vermehrung von *Paramaecium caudatum* fördert.

H_2S wurde in meinen Versuchen unter einer Glasglocke mit Hilfe der Vorrichtung, die bei den HCN-Versuchen beschrieben worden ist, aus arsenfreiem Bariumsulfid und HCl entwickelt. Auch hier geschahen Begasung und Lüftung im Dunkeln.

Eine Förderung der Entwicklung von Adventivwurzeln oder -sprossen auf *Cardamine*-Blättern nach einer Begasung mit H_2S konnte niemals festgestellt werden. Eine Konzentration von 1% H_2S bei 15stündiger Einwirkungsdauer schädigte, ebenso 0,5% bei 45stündiger Einwirkungszeit. Eine Konzentration von 0,5% H_2S bei kürzerer Einwirkungsdauer (z. B. 15 Stunden) blieb wirkungslos, ebenso 0,25% bei z. B. 17stündiger Einwirkung. Die Schädigung trat hier oft in der Form auf, daß an den einzelnen Blättchen vom Stiel ausgehend etwa halbkreisförmige Zonen ausbleichten, während die äußeren Partien der Spreite noch vollständig intakt und grün erschienen. Derartige Schädigungserscheinungen wurden hingegen z. B. bei Versuchen mit HCN nicht gefunden; war hier die Dosis zu stark gewesen, so wurde das ganze Blättchen welk und starb ab.

Zusammenfassend ist festzustellen, daß eine Warmbadbehandlung, eine Begasung mit HCN, Äther, Chloroform, Dichloräthylen und H_2 (alles bewährte Frühtreibmittel), die Bildung von Adventivwurzeln auf den festsitzenden Blättern von *Cardamine pratensis* wesentlich fördert. Eine Begasung mit H_2S blieb wirkungslos.

Ebenso wie bei der Besprechung der Versuche mit HCN ausführlicher dargelegt wurde, liegt auch für die übrigen positiv verlaufenen Stimulationsversuche (Versuche 2, 3, 4, 5, 7) kein Grund vor, eine Schädigung des Vegetationspunktes durch die Behandlung, und so eine indirekte Entwicklungsanregung der Blattknospen anzunehmen; vielmehr schließe ich auch in diesen Fällen auf eine direkte Beeinflussung der Blattmeristeme. Ausgehend von der Tatsache, daß sich die Blattknospen entwickeln, wenn man den Vegetationspunkt und die Achselknospen entfernt, ist man wohl gern geneigt, aber deshalb durchaus noch nicht berechtigt, umgekehrt aus einer Entwicklung der Blattknospen in jedem Fall auf eine Schädigung des Vegetationspunktes zu schließen.

Man befindet sich somit in der Lage, für das Zustandekommen eines Vorgangs (der Entwicklungsanregung der Blattmeristeme von *Cardamine pratensis*) verschiedene Ursachen als gleichwertig ansehen zu müssen: einmal Unterbrechung des Zusammenhangs zwischen Pflanze und Blatt, zum andern direkte Einwirkung verschiedenster Art auf das festgewachsene Blatt. Man wird nun natürlich nach der unmittelbaren Ursache für das Austreiben der Knospen suchen, die ich ganz allgemein vorläufig als Änderung der Stoffwechselvorgänge im Blatt bezeichnen will.

Schließt man so wie Child (1911) aus dem Einsetzen von neuen Wachstumsvorgängen in jedem Fall auf gestörte Korrelationsbeziehungen, so fallen auch meine geschilderten Versuche an *Cardamine* unter Childs Begriff der „Physiologischen Isolation“. Und zwar würden sie der vierten der von Child u. Bellamy (1920) theoretisch aufgestellten Möglichkeiten der Isolation entsprechen. Diese besagt, daß ein untergeordneter Teil dann physiologisch isoliert werden kann, wenn er durch äußere Faktoren so angeregt wird, daß der Einfluß des übergeordneten Teils auf ihn nicht mehr wirksam ist.

2. *Cardamine impatiens.*

Nach Angaben von Magnus (1873) bildet *Cardamine impatiens* in ähnlicher Weise wie *Cardamine pratensis* Adventivwurzeln auf den Blättern. Ebenso beschreibt Hegi, daß sich auf den unteren Blättern von *Cardamine impatiens* zuweilen Brutknöspchen entwickeln.

Im Leipziger Botanischen Garten wurde im Sommer 1929 *Cardamine impatiens* aus Samen gezogen. Von diesen Pflanzen kultivierte ich isolierte Blätter auf feuchtem Sand, brachte ganze Pflanzen in Töpfen in feuchte Atmosphäre und setzte sie in derselben Weise wie *Cardamine pratensis* einer Behandlung mit HCN, Warmbad, Äther und Wasserstoff aus. In all den Versuchen wurde niemals auch nur eine einzige Adventivwurzel gefunden. Vielleicht lag es daran, daß die Pflanzen noch zu jung waren und die Bildung von Adventivwurzeln im zweiten Jahr leichter einsetzt.

Im Sommer 1930 hatte ich auf einer Exkursion in Vorarlberg Gelegenheit, *Cardamine impatiens* am natürlichen Standort zu beobachten, auch da fand ich kein Exemplar mit Adventivwurzeln.

3. Bryophyllum.

Die Ergebnisse der Versuche mit *Cardamine pratensis* sollten nun an anderen Pflanzen nachgeprüft werden. In erster Linie kam *Bryophyllum* in Frage. Anders als bei *Cardamine* liegen hier bereits viele Beobachtungen und Erfahrungen über die Bedingungen des Auftretens von Adventivbildungen in der Literatur vor.

In den Kerben der Blätter von *Bryophyllum calycinum, crenatum* und *proliferum* befinden sich meristematische Bezirke, die sich leicht zu neuen Wurzeln und Sprossen entwickeln. (Die Entwicklungsgeschichte der Blätter findet sich bei BERGE beschrieben [1877].) Es liegen demnach ganz ähnliche Verhältnisse vor wie bei *Cardamine*.

Zunächst soll kurz versucht werden, die korrelativen Abhängigkeiten der einzelnen Teile der Pflanze darzulegen.

Kultiviert man abgeschnittene Blätter einer der drei Spezies auf feuchter Unterlage, so entwickeln sich bald junge Pflänzchen in den Blattkerben. J. LOEB (1918) beschreibt für *Bryophyllum calycinum*, daß die zuerst austreibenden Knospen die übrigen, noch ruhenden an der Entwicklung verhinderten; damit nimmt er also an, daß eine korrelative Abhängigkeit zwischen den einzelnen Meristemzonen des Blattes vorliegt. OSSENBECK (1927) bekam nach Zerteilung eines Blattes aller drei Spezies in soviel Stücke als Kerben vorhanden sind, nicht mehr Regenerate, als aus dem unzerschnittenen Blatt; unter günstigen äußeren Bedingungen entwickelten sich in beiden Fällen alle angelegten Knospen. Trotzdem schreibt sie: „daß eine Korrelation zwischen den blattbürtigen Knospen (d. h. eines Blattes) untereinander besteht, ist ohne Zweifel.“ REED (1923) betont, daß vor allem die Berührung mit dem feuchten Substrat entscheidend ist dafür, ob eine Knospe austreibt oder nicht. Auch in eigenen Versuchen beobachtete ich häufig bei *Bryophyllum crenatum*, daß sich ohne weiteres alle angelegten Knospen entwickeln, wenn sie nur alle der feuchten Unterlage gut aufliegen. REED brachte einige Meristemzonen eines Blattes von *Bryophyllum calycinum* mit der feuchten Unterlage in Berührung und ließ sie zu zentimeterlangen Pflänzchen auswachsen; veränderte er nun die Lage des Blattes so, daß die bisher ruhenden Knospen dem Substrat auflagen, so entwickelten sich diese dann auch noch. Daraus kann man wohl ohne Bedenken schließen, daß für das Austreiben einer blattbürtigen Knospe die Entwicklung oder Nichtentwicklung der übrigen Knospen an demselben Blatt keine Rolle spielt. Diese Überlegung bezieht sich nur auf die Entwicklungsanregung, womit nichts gesagt wird über die Weiterentwicklung. Daß die einmal ausgelöste Entwicklung dann von der Menge der zur Verfügung stehenden Nährstoffe abhängen wird, ist selbstverständlich. Z. B. werden 15 junge Sprosse an einem Blatt insofern einander wohl beeinflussen, als jedem einzelnen zu seiner Weiterentwicklung weniger Nährstoffe zur Verfügung stehen, als wenn er sich allein am Blatt entwickeln würde.

Durch Bestrahlung mit Radiumstrahlen gelang es auch hier, einen Meristemkomplex am Austreiben zu verhindern. Zu den Versuchen wurden isolierte Blätter von *Bryophyllum crenatum* benutzt. Die Strahlung wurde stets auf eine Kerbe gerichtet. Die Versuchsanordnung war im übrigen dieselbe wie bei den ähnlichen Versuchen an isolierten *Cardamine*-Blättern.

1. Bestrahlungszeit von 70 Stunden. Es findet keine Knospenentwicklung an der bestrahlten Stelle statt.

2. Bestrahlungszeit von 24 Stunden. Das Austreiben der bestrahlten Zone wird gegenüber den anderen desselben Blattes verzögert, aber nicht vollständig verhindert. Der junge Sproß an der bestrahlten Stelle bleibt schwächlich.

3. Bestrahlungszeit von 14 Stunden und weniger. Kein Einfluß der Bestrahlung auf das Austreiben der bestrahlten Knospe mehr festzustellen.

Die übrigen Meristemzonen des Blattes, die nicht von der Strahlung getroffen wurden, treiben normal aus. Sie werden weder gehemmt, noch dadurch, daß die Entwicklung der benachbarten Knospen hintangehalten wurde, gefördert. Die Bestrahlungsversuche ergaben demnach bei *Bryophyllum* ganz ähnliche Resultate wie bei *Cardamine*, einen kontinuierlichen Übergang von einer vollständigen Unterbindung der Knospenentwicklung bei starken Dosen über eine deutliche Schädigung und Verlangsamung des Wachstums der Regenerate bei mittleren Dosen zu vollständiger Wirkungslosigkeit bei schwachen Dosen.

Eine Korrelation innerhalb der ganzen Pflanze zwischen tätigem Vegetationspunkt und Blattknospen ist von Goebel nachgewiesen worden. Entfernte er den Hauptvegetationspunkt und alle Achselknospen bei *Bryophyllum calycinum* und *crenatum*, so trieben die Knospen der festsitzenden Blätter aus. Dasselbe erreichte er, wenn er bei *Bryophyllum crenatum* den Vegetationspunkt eingipste, die Mittelrippe des festsitzenden Blattes durchschnitt (1908) oder den Stamm ringelte (1916). Child u. Bellamy (1920) gehen bei ihren Versuchen ebenfalls von einer Korrelation zwischen Vegetationspunkt und Blattmeristemen aus. Nach Abkühlung einer begrenzten Zone des Blattstiels von *Bryophyllum calycinum* beobachteten sie ein Austreiben der Blattknospen am festsitzenden Blatt. Dieser Versuch, der bei CHILD u. BELLAMY insofern nicht ganz eindeutig war, als die auf diese Weise „physiologisch isolierten" Blätter außerdem noch in Wasser tauchten, — was allein schon eine Knospenentwicklung bewirken kann, — ist neuerdings von OSSENBECK mit positivem Erfolg wiederholt worden, ohne daß die Blätter dabei in Wasser tauchten.

OSSENBECK weist nach, daß auch der ungestörte Zusammenhang des Blattes mit der normalen Wurzel wichtig für das Nichtaustreiben der Blattknospen im Normalfall ist. Kühlte sie die Wurzel von *Bryophyllum crenatum* ab, so entwickelten sich die blattbürtigen Knospen. Auch WAKKER (1885) weist wiederholt auf die Rolle der Wurzel in diesem Zusammenhang hin.

Auf der anderen Seite betont REED, daß ein Austreiben der Knospen am festsitzenden Blatt allein dadurch zu erzielen ist, daß man es in Wasser untertauchen läßt. Dasselbe berichtet schon WAKKER. OSSENBECK gibt an, daß auch ein wasserdampfgesättigter Raum genügt. Auch in diesem Verhalten zeigt *Bryophyllum* eine große Ähnlichkeit mit *Cardamine*. Eigene Versuche bestätigten diese Erfahrungen. Besonders bei *Bryophyllum calycinum* entwickelten sich im feuchten Raum sehr leicht Wurzeln an den festsitzenden Blättern. Es handelt sich dabei vornehmlich um die untersten und ältesten Blätter. REED folgert aus dieser Tatsache, daß überhaupt keine korrelative Abhängigkeit der Blattknospen vom Vegetationspunkt vorliegt. Zugunsten dieser Anschauung führt er noch die Beobachtung an, daß Blätter von *Bryophyllum calycinum*, die mit dem Stiel in feuchten Sand gesteckt waren, monatelang am Leben blieben, ohne daß sich ihre Knospen entwickelten, obgleich sie von der Pflanze getrennt waren. Der letzte Versuch von REED ist insofern nicht eindeutig, als verschiedene Teile des Blattes verschiedenen Feuchtigkeitsverhältnissen ausgesetzt waren; am Blattstiel, der im feuchten Sand steckte, entwickelten sich nämlich Wurzeln. Was geschieht, wenn die ganzen Blätter „in a dry position" ausgelegt werden, ergibt sein Versuch IX, in welchem sich wenigstens einige Blattknospen entwickelt haben. OSSENBECK hat denselben Versuch bei *Bryophyllum crenatum* angestellt, abgeschnittene Blätter auf einer Glasplatte unter einer Glasglocke ausgelegt und gefunden, daß sich junge Pflanzen entwickelten, ohne daß ihnen Wasser von außen zugeführt worden wäre. Wenn es in diesem Fall zur Entwicklung der Blattknospen kommt, so muß wohl die Isolation als auslösender Faktor angenommen werden, wenn man nicht auf jegliche Erklärung verzichten will. REEDs Argumentation gegenüber muß vor allem daran festgehalten werden, daß im Normalfall, d. h. in der überwiegenden Mehrzahl der Fälle, am festsitzenden Blatt keine

Knospenentwicklung stattfindet, während isolierte Blätter praktisch in jedem Fall austreiben. So scheint mir Reed zu weit gegangen zu sein, wenn er jegliche korrelative Abhängigkeit zwischen den Blattknospen und der übrigen Pflanze leugnet.

Hier soll noch einmal kurz auf die schon (S. 49) erwähnte jüngste Arbeit von F. A. F. C. Went eingegangen werden. Dieser stellt die Hypothese auf, daß die Wurzelanlagen der isolierten Blätter deshalb anfangen zu sprossen, weil die im Blatt erzeugten wurzelbildenden Substanzen nicht abgeleitet werden können. Als Beleg dafür wird angeführt, „daß Blätter notwendig sind für das Hervorsprossen der Wurzelanlagen an den Stengeln; blattlose Stengelstücke bilden nie Adventivwurzeln aus. Eine Ausnahme von dieser Regel finden wir nur bei den jüngsten eben aus der Knospenanlage hervorgehenden Blättern. Beläßt man diese an einem Stengelstück, dem man sonst alle anderen Blätter genommen hat, so geht der Stengel zugrunde, ohne Wurzeln gebildet zu haben". Dazu ist zu bemerken, daß es eine Arbeit von J. Loeb gibt (1922), die sich nur mit den Regenerationserscheinungen an blattlosen Stammstücken von *Bryophyllum calycinum* beschäftigt. Loebs Schlüsse im einzelnen sind bei späteren Nachprüfungen von anderer Seite nicht bestätigt worden, aber soviel steht fest, daß blattlose Stammstücke in feuchter Luft, am besten mit dem basalen Ende in Wasser tauchend, wohl in der Lage sind, Wurzeln zu bilden. Eine derartige positive Feststellung ist natürlich wertvoller als eine negative. Bei Wents Versuchen fehlte offensichtlich die nötige äußere Feuchtigkeit und nicht die wurzelbildende Substanz. Zum andern wird von Ossenbeck angegeben und von mir bestätigt, daß schon die jüngsten, sich eben entfaltenden Blätter ihre Knospen zu entwickeln vermögen, wenn man sie isoliert auf feuchtem Sand kultiviert. Mit Went gesprochen bilden sie also bereits wurzelbildende Substanzen, und es ist nicht einzusehen, warum diese dann nicht auch in den Stamm abgeleitet werden können wie bei älteren Blättern. Es soll nicht bestritten werden, daß an Internodien mit Blättern die Wurzeln sich vielleicht kräftiger entwickeln, als ohne die Blätter, das würde sich aber nur auf den weiteren Ablauf bereits eingeleiteten Wachstums beziehen und nicht auf den Auslösungsvorgang, der hier allein zur Erörterung steht.

Wenn nach dem Vorausgehenden feststeht, daß Isolation des Blattes bei *Bryophyllum* die Entwicklung der blattbürtigen Knospen auslöst, so ist doch andererseits eine Reihe von Tatsachen bekannt, die dartun, daß eine Unterbrechung des Zusammenhangs des Blattes mit den embryonalen Bezirken nicht die einzige Voraussetzung ist, die zur Entwicklung der blattbürtigen Knospen führt. Goebel und Ossenbeck sind geneigt, eine direkte Stimulierung der blattbürtigen Knospen zugunsten einer „Pseudostimulierung" auszuschließen, d. h. einer Hemmung des Hauptvegetationspunktes und dadurch bedingten Austreibens der Blattknospen.

Ganz eindeutig eine echte Stimulierung der blattbürtigen Knospen liegt in den Versuchen von SMITH (1921) vor. Er impfte festsitzende junge Blätter von *Bryophyllum calycinum* mit *Bacterium tumefaciens* in nächster Nähe der Meristemkomplexe. An den injizierten Stellen entwickelten sich junge Sprosse, die nicht geimpften Knospen desselben Blattes und der anderen Blätter verharrten in Ruhe. Die Wirkung der Impfung ist demnach eine lokal streng begrenzte. Jedenfalls wird der Hauptvegetationspunkt auf keinerlei Weise in Mitleidenschaft gezogen, und doch treiben die Knospen aus. Die schon mehrfach erwähnte Erfahrung, daß blattbürtige Knospen am festsitzenden Blatt auch austreiben, wenn man sie in Wasser oder feuchte Atmosphäre bringt, gehört auch hierher.

Da bei meinen Versuchen die ältesten Blätter, deren Knospen sich am festsitzenden Blatt am leichtesten entwickelten, leicht abgeworfen wurden, lag die Vermutung nahe, daß die Verbindung zwischen Blatt und Pflanze vielleicht schon gelockert ist, wenn sich das Blatt noch an der Pflanze befindet. Es wurden deshalb Mikrotomschnitte durch die Blattansatzstellen von Blättern verschiedenen Alters mikroskopisch untersucht. Die Blätter lösen sich mit Hilfe eines schon auf sehr jungen Stadien vorgebildeten, kleinzelligen Trennungsgewebes. Die Abtrennung erfolgt von außen nach innen ringförmig und ist an den ältesten Blättern am weitesten vorgeschritten. Ein Vergleich der entsprechenden Stellen von alten Blättern, deren Knospen sich entwickelt hatten mit solchen, deren Knospen sich noch in Ruhe befanden, ergab keinen anatomischen Unterschied. Die Trennung ist an den Blättern, die junge Sprosse tragen, nicht weiter fortgeschritten als an Kontrollblättern ohne Adventivbildungen, vor allem sind die Leitbündel nie durchschnürt. An Handschnitten durch lebendes Material konnte mit KNO_3-Lösung eine deutliche Plasmolyse in den Zellen des Trennungsgewebes auch an solchen Blättern beobachtet werden, deren Randknospen sich entwickelt hatten. Es besteht sonach wenig Wahrscheinlichkeit, daß sich die Randknospen deshalb entwickeln, weil die Verbindung des Blattes mit der übrigen Pflanze loser geworden ist.

In diesem Zusammenhang sind die sehr interessanten Versuche von KAKESITA zu erwähnen. Es gelang ihm, die ruhenden blattbürtigen Knospen von *Bryophyllum calycinum* bei ungestörter Verbindung von Pflanze und Blatt zur Entwicklung anzuregen 1. durch Warmbadbehandlung, 2. durch Behandlung mit Wasserstoff, 3. durch Injektion von Brenztraubensäure, Azetaldehyd, Aceton, Äthylalkohol und verschiedenen anderen organischen Säuren. Auf seine Erklärung dieser Versuche wird später noch einmal zurückzukommen sein. KAKESITA geht in keiner Weise auf die Möglichkeit einer Korrelation zwischen ganzer Pflanze und Blattknospen ein. Bei seinen beiden ersten Versuchen könnte man immer noch im Zweifel sein, ob nicht etwa das Wachstum des Hauptvegetationspunktes durch die Behandlung gehemmt und so die Korrelation zwischen Vegetationspunkt und Blatt aufgehoben wurde, sodaß es sich um eine „Pseudostimulation" handelte. KAKESITA gibt selbst an, daß nach der Warmbadbehandlung einige Male die jungen Blätter abstarben, was auf eine Schädigung des Vegetationspunktes schließen läßt. Der Vegetationspunkt braucht bekanntlich nicht vollständig abzusterben, wenn die Korrelation zwischen ihm und den Blättern aufgehoben werden soll. GOEBEL konnte z. B. zeigen, daß der durch Eingipsen inaktivierte Vegetationspunkt von *Bryophyllum crenatum* sein Wachstum wieder aufnahm, wenn man die Gipshülle vorsichtig entfernte. Unanfechtbar ist der dritte Versuch von KAKESITA, wo es sich bestimmt um eine direkte Beeinflussung des Blattes und seiner Meristembezirke handelt.

Eigene Versuche an *Bryophyllum crenatum*.

Leider stand mir hier nicht beliebig viel Material zur Verfügung wie bei *Cardamine*. Jedoch konnten alle Versuche je einige Male mit verschiedenen Konzentrationen oder Temperaturen durchgeführt werden. Für alle gewerteten Versuche gilt natürlich, daß keine sichtbare Schädigung des Vegetationspunktes festzustellen war. Von 21 Kontrollen der ersten Versuchsreihe, die in demselben Glaskasten in feuchter Luft wie die Versuchspflanzen nach der Behandlung gehalten wurden, zeigten 6, d. h. etwa 29% der Fälle eine Entwicklung der blattbürtigen Knospen. Dieses Verhältnis blieb bei späteren Versuchsreihen etwa dasselbe.

1. Versuche mit Blausäure.

Die Begasung geschah in derselben Weise wie bei *Cardamine* (siehe oben!). Die Versuche ergaben, daß eine Behandlung mit 0,1—0,2% HCN bei einer Einwirkungszeit von 3—4 Stunden das Austreiben der blattbürtigen Knospen bewirkt. Eine Konzentration von 0,25% bei derselben Einwirkungszeit schädigte in manchen Fällen schon. *Bryophyllum* erwies sich demnach empfindlicher gegen HCN als *Cardamine*.

2. Versuche mit Warmbad.

Nach der etwa 14stündigen Einwirkung eines warmen Bades von etwa 35° C entwickelten sich an den behandelten Pflanzen die blattbürtigen Knospen. Es sei hier angeführt, daß bei einem orientierenden Versuch eine Pflanze mit dem ganzen Topf in das Wasser gesetzt und dadurch so geschädigt worden war, daß sie alle erwachsenen Blätter abwarf und nur der Vegetationspunkt am Leben blieb und weiterwuchs. Ob eine Schädigung der Wurzel vorlag, wurde nicht untersucht; jedenfalls spricht der Befund nicht für eine Schädigung des Vegetationspunktes durch die Warmbadbehandlung. Bei allen späteren Versuchen wurde dann nur der oberirdische Teil der Pflanze mit dem Wasser in Berührung gebracht, sodaß eine Pseudostimulation auf Grund einer Wurzelschädigung nicht in Frage kommt.

Meine Versuche bestätigen also die Befunde KAKESITAs bei *Bryophyllum calycinum*. OSSENBECK gibt an, daß ihr eine Anregung der Knospenentwicklung bei *Bryophyllum* durch Warmbadbehandlung nicht gelungen sei.

3. Versuche mit Äther.

Ein Austreiben der blattbürtigen Knospen von *Bryophyllum crenatum* nach Ätherbehandlung konnte in meinen Versuchen nicht festgestellt werden. Entweder wurden die Pflanzen sichtbar geschädigt, oder die Knospen verharrten in Ruhe.

GOEBEL (1902) gibt an, daß er Pflanzen von *Bryophyllum crenatum* durch Ätherbehandlung zur Entwicklung der blattbürtigen Knospen anregen konnte, wobei aber die betreffenden Blätter geschädigt wurden und bald abstarben. OSSENBECK wiederholte diese Versuche an *Bryophyllum crenatum* und *calycinum* und kommt ebenfalls zu dem Schluß, daß der Äther nicht fördernd auf die Blattknospen einwirke, sondern hemmend auf den Vegetationspunkt. Da weder GOEBEL noch OSSENBECK etwas darüber angeben, ob ihre Versuche im Dunkeln oder am Licht ausgeführt wurden, möchte ich annehmen, daß sie bei Lichtzutritt stattfanden; während bei meinen Versuchen die Begasung und Lüftung stets im Dunkeln vorgenommen wurde. Ob allerdings dieser nur vermutete Unterschied in der Versuchsanordnung ausschlaggebend für die verschiedenen Versuchsergebnisse sein kann, bleibt unsicher. Jedenfalls stimme ich mit OSSENBECK darin überein, daß ich eine echte Stimulation der Blattknospen von *Bryophyllum* nach Ätherbehandlung nicht feststellen konnte.

4. Versuche mit Chloroform.

Es wurde Chloroform pro narcosi benutzt. Die Begasung und Lüftung geschah im Dunkeln. Die Versuche hatten dasselbe negative Ergebnis wie die Versuche mit Äther. Auch OSSENBECK gibt an, daß sie nach Behandlung mit Chloroform niemals ein Austreiben der blattbürtigen Knospen bekam.

5. Versuche mit Wasserstoff.

Die Pflanzen wurden unter einer Glasglocke einer Wasserstoffatmosphäre im Dunkeln ausgesetzt. *Bryophyllum crenatum* erwies sich in meinen Versuchen viel empfindlicher gegen H_2 als *Bryophyllum calycinum* bei KAKESITA. Die Pflanzen wiesen bei mir zum Teil schon nach einer 24stündigen Behandlung Schädigungen auf, während KAKESITA seine Versuche bis zu 72 Stunden ausdehnte. Bei KAKESITA ist nichts darüber erwähnt, ob die Begasung am Licht oder im Dunkeln vorgenommen wurde. Wahrscheinlich hat er am Licht gearbeitet, sodaß den Pflanzen vielleicht noch der Assimilationssauerstoff zur Verfügung stand. Die

Versuche ergaben bei mir keine eindeutigen Resultate, in etwa der Hälfte der Fälle entwickelten sich die blattbürtigen Knospen nach einer Behandlung mit Wasserstoff. In Anbetracht dessen, daß auch die Kontrollen in fast einem Drittel der Fälle austrieben, möchte ich noch nicht von einer eindeutigen Stimulation durch H_2-Behandlung sprechen.

6. Injektionsversuche mit Glutathionlösung.

Hammett (1929) fand an Hand von ausgedehnten Untersuchungen in organischen Körpern, die die Sulfhydrilgruppe enthalten, Stimulantien der Zellteilung. Seine Versuche wurden vornehmlich mit wachsenden Wurzeln, daneben mit anderen bereits wachsenden Objekten ausgeführt, sodaß es sich um eine Wachstumsförderung und nicht um eine Wachstumsanregung handelte. Es entsteht nun die Frage, ob derartigen Stoffen auch eine wachstumsanregende Wirkung zukommt. Im Anschluß an die Arbeiten Hammetts wurden an zehn Pflanzen Injektionen mit Glutathionlösung vorgenommen. Das kostbare Präparat war zu diesem Zwecke dem Botanischen Institut von Herrn Prof. Thomas, Leipzig, zur Verfügung gestellt worden, wofür auch an dieser Stelle bestens gedankt sei. Die Injektionen wurden jeweils an mehreren Blättern der Pflanze, teils am Rande des Blattes in der Nähe der Meristembezirke, teils mehr der Mitte der Spreite genähert vorgenommen. Zur Kontrolle wurden andere Blätter derselben Pflanzen mit Wasser injiziert. Nach den Angaben von Hammett wurden Konzentrationen von 8.10^{-5}—$1{,}6.10^{-5}$% benutzt. Die Injektionen verliefen ebenso wie die Kontrollinjektionen mit Wasser ergebnislos, eine Anregung der Knospenentwicklung konnte nicht festgestellt werden.

Zusammengefaßt ergibt sich, daß Warmbadbehandlung und Begasung mit HCN merklich fördernd auf die Entwicklung der blattbürtigen Knospen bei *Bryophyllum crenatum* einwirken. Diese Befunde stehen in guter Übereinstimmung mit denen bei *Cardamine*. Die stimulierende Wirkung einer Wasserstoffatmosphäre auf die Blattknospen von *Bryophyllum crenatum* bleibt noch fraglich. Merkwürdig erscheint die Unwirksamkeit der Narkotika, die bei *Cardamine* mit gutem Erfolg angewandt wurden. Doch sprechen auch verschiedene Holzgewächse auf die verschiedenen Frühtreibmittel verschieden an (vgl. z. B. Stanton u. Denny 1929). Unwirksam blieben ebenfalls Injektionen mit Glutathionlösung.

Auch aus den referierten Versuchen an *Bryophyllum* schließe ich, daß die Meristeme der Blätter zur Entwicklung angeregt werden können durch Unterbrechung des Zusammenhangs mit der übrigen Pflanze und durch direkte äußere Einwirkung auf das Blatt. In beiden Fällen handelt es sich um vegetative Fortpflanzung, die aber nur im ersteren Fall zugleich Restitution ist. Merkwürdigerweise will Reed die beiden Gebiete der Restitution und vegetativen Fortpflanzung streng geschieden wissen „since vegetative reproduction and regeneration are too entirely distinct processes, probably involving different factors“. Er sieht in der Entwicklung der Blattknospen bei *Bryophyllum* einen Fall reiner vegetativer Fortpflanzung.

Im Anschluß an die Versuche an ganzen Pflanzen wurden auch isolierte Blätter von *Bryophyllum crenatum* mit HCN und Äther verschiedener Konzentrationen und Einwirkungszeiten behandelt. Bei starken Dosen wurden die Blätter geschädigt, bei schwächeren Dosen konnte keine Beeinflussung des Regenerationsvorgangs festgestellt werden. Diese Versuche wurden daraufhin nicht weiter fortgesetzt, da bereits bei Versuchen mit isolierten Blättern von *Cardamine* die Erfahrung gemacht worden war, daß eine Stimulation des Regenerationsvorgangs nach Behandlung mit Agenzien, die bei Anwendung auf festsitzende Blätter positiv wirken, nicht festzustellen ist.

4. Begonia Rex.

Es ist schon lange bekannt, daß abgeschnittene Blätter von *Begonia Rex*, wenn man sie auf feuchter Unterlage kultiviert, leicht Adventivsprosse und -wurzeln bilden. Hartsema (1926) schreibt darüber: „Die Neubildung von Sproßmeristemen auf den Blättern der *Begonia Rex* wird vielfach zu den Regenerationserscheinungen gerechnet (Winkler, Goebel), sie gehört aber vielmehr zu der vegetativen Fortpflanzung durch Adventivknospenbildung.“ Meiner Meinung nach schließt sich beides nicht aus.

Zu meinen Versuchen benutzte ich verschiedene Sorten von *Begonia Rex* aus dem Leipziger Botanischen Garten, am häufigsten eine Rasse mit einheitlich dunkel gefärbten Blättern von einem mittleren Ton zwischen Rot und Grün mit roter Blattunterseite; weiter eine Rasse mit dunkelgrüner und silberner Zeichnung auf der Oberseite. Wesentliche Unterschiede in Bezug auf die Regenerationserscheinungen zwischen beiden Rassen wurden nicht beobachtet. Eine dritte Rasse mit stark behaarten zarteren Blättern zeichnete sich durch besonders rasche und reichliche Adventivwurzelbildung aus.

Die Neubildungen treten stets an den stärkeren Nerven des Blattes auf. Die Adventivwurzeln entstehen endogen, sie treten in der Regel auf der Unterseite des Blattes aus, offenbar der Feuchtigkeit folgend; denn in wasserdampfgesättigter Luft beobachtete ich regelmäßig Adventivwurzeln auch auf der Oberseite des Blattes. Dasselbe beschreibt auch Hartsema. Meine Untersuchungen bezogen sich hauptsächlich auf die Entstehung der Adventivknospen. Nach den Arbeiten von Regel (1876) und Hansen (1880) gehen diese aus Zellhöckern hervor, die von einzelnen Epidermiszellen meist an der Blattoberseite gebildet werden.

Hartsema konnte später zeigen, daß die einleitenden Teilungen zu dieser Adventivsproßbildung stets in tiefer liegenden Schichten einsetzen und zwar in einer an die Gefäßbündel angrenzenden Parenchymzelle. Von da aus greifen sie dann auf Chlorophyllschicht, Kollenchym und schließlich auf die Epidermis über.

Es handelt sich demnach hier bei der Entstehung neuer Individuen aus dem Blatt um einen ganz anderen Vorgang als bei *Bryophyllum* und *Cardamine*; meristematische Bezirke fehlen am Blatt völlig. Die Epidermiszellen, die durchaus als Dauerzellen anzusprechen sind, machen zunächst den Prozeß der Furchung (im Sinne Winklers 1903) durch, um dann die neuen Sprosse aus sich hervorgehen zu lassen. Bezeichnet man mit Miehe (1926) diese Epidermiszellen als „Kryptarchonten", die einen Teil des „Archiplasmas" in sich bergen, so ist das nur eine andere Ausdrucksweise des Tatbestandes, aber keine Erklärung.

Werden die Blätter unversehrt ausgelegt, so treten in der Regel auf der Spreite nur im Stielpunkt, wo die stärkeren Nerven zusammenlaufen und der Blattstiel ansetzt, Neubildungen auf. Außerdem entstehen Adventivsprosse und -wurzeln am Blattstiel. Bei älteren Blättern kommt es ab und zu vor, daß neben den beschriebenen auch noch Adventivbildungen entlang der stärkeren Nerven auftreten. In weitaus den meisten Fällen bleiben die Regenerate aber auf den Stielpunkt beschränkt. Niemals findet man Regenerate auf der Epidermis der Blattfläche zwischen den Nerven. In der gärtnerischen Praxis ist schon lange bekannt, daß man kräftige Regenerate außer denen im Stielpunkt erzielen kann, wenn man die stärkeren Nerven des Blattes einschneidet; oberhalb des Schnitts, d. h. auf der apikalen Seite der Wunde entwickeln sich neue Sprosse. (Auf die Erscheinung der polaren Anordnung der Regenerate wird weiter unten noch einmal zurückzukommen sein.) Kleinere Höckerchen treten wohl auch an nicht eingeschnittenen, namentlich älteren Blättern ab und zu entlang der Nerven auf; doch sind sie in Bezug auf Entwicklungsgeschwindigkeit und Ausbildungshöhe gar nicht zu vergleichen mit den Sprossen hinter den Einschnitten. Durchschneidet man das Blattgewebe zwischen den Nerven, so bleibt die Regeneration auf den Stielpunkt beschränkt. Für das Nichtauftreten der neuen Sprosse außerhalb des Stielpunktes ist demnach allein der ungestörte Zusammenhang der Nerven maßgebend, d. h. die ungestörte korrelative Verbindung zwischen dem Stielpunkt und den übrigen Nervenpartien. Es ist nicht nötig, eine Wunde am Blatt zu setzen, um die Partien über den Nerven außerhalb des Stielpunktes zu kräftiger Regeneration zu veranlassen; dasselbe kann man erreichen, wenn man den Stielpunkt „inaktiviert", an der Regeneration verhindert. Diese Hinderung ist möglich:

1. Durch Bestrahlen mit Radiumstrahlen. Nach einer 48stündigen Bestrahlung mit den mir zur Verfügung stehenden Präparaten blieb

jegliche Neubildung im Stielpunkt aus. Auf den stärkeren Nerven traten in einiger Entfernung davon dicht gedrängt Sproß- und Wurzelregenerate auf. Ebenso bildeten sich natürlich auf dem Blattstiel Regenerate, die sich — vielleicht infolge günstigerer Feuchtigkeitsverhältnisse — meist rascher und kräftiger entwickelten als die Neubildungen der Spreite. Es kam aber auch vor, daß ein kräftiger Sproß mit wohl ausgebildeten Blättern auf einem Nerven in einiger Entfernung vom Stielpunkt entstand. Eine Schädigung oder überhaupt irgendwelche Veränderung der Stielpunktregion nach der Bestrahlung war makroskopisch nicht zu erkennen.

2. Durch dickes Belegen dieser Stelle mit Vaseline (einige Millimeter dicke Schicht). Es treten dann Regenerate auf wie oben unter 1. beschrieben.

Anders als z. B. bei isolierten *Bryophyllum*-Blättern bewirkt hier das Inaktivieren einer Stelle am Blatt die Entwicklung von Sprossen an einer anderen, wo diese ohne die Bestrahlung nicht eingetreten wäre. Das hängt offenbar damit zusammen, daß die Regeneration hier nicht von begrenzten meristematischen Zellbezirken ausgeht. Über das Zustandekommen der Abhängigkeit der einzelnen Zonen des Blattes untereinander wissen wir heute noch gar nichts näheres. Ich habe nur kurz über einen negativen Befund zu berichten. Im Anschluß an Versuche, die A. Paál (1919) an der *Avena*-Koleoptile durchführte, wurden die Nerven mehrerer *Begonia*-Blätter quer durchschnitten und mit einer dünnen Schicht von 3% Agar-Agarlösung wieder aneinandergeklebt. Ich hatte gehofft, auf diese Weise die durch den Schnitt zerstörten Beziehungen beider Teile wieder herstellen zu können; es traten jedoch stets kräftige Regenerate hinter dem Einschnitt auf.

Es soll nur kurz erwähnt werden, daß ähnliche korrelative Beziehungen auch zwischen der ganzen Pflanze bzw. dem Hauptvegetationspunkt und der Stielpunktregion des festsitzenden Blattes bestehen. Solange sich das Blatt an der Pflanze befindet, bleibt die Bildung von Adventivsprossen- und -wurzeln aus; wird es abgeschnitten, so setzt die neue Entwicklung ein. Erhöhung der Luftfeuchtigkeit ruft bei *Begonia* im Gegensatz zu *Cardamine* und *Bryophyllum* nicht Bildung von Adventivsprossen auf den Blättern hervor, wenn diese sich noch an der Pflanze befinden. Goebel gelang es, festsitzende Blätter dadurch zur Regeneration im Stielpunkt zu veranlassen, daß er die Pflanzen des Vegetationspunktes und sämtlicher Achselknospen beraubte. Interessant für das Verständnis der korrelativen Abhängigkeiten ist auch die von Hartsema mitgeteilte Beobachtung, daß an eingeschnittenen Blättern, die sich noch an der Pflanze befanden, oberhalb der Wunden Adventivsprosse und -wurzeln auftraten, nicht aber im Stielpunkt.

Im Anschluß an die Befunde bei *Bryophyllum* und *Cardamine* sollte nun versucht werden, auch hier ruhende Zellen zur Entwicklung anzuregen. Aus dem oben dargelegten geht hervor, daß sich innerhalb des isolierten Blattes große Bezirke befinden, die zur Regeneration befähigt sind, aber am nichteingeschnittenen Blatt in Ruhe verharren. Es wurde deshalb nur mit isolierten Blättern, nicht mit ganzen Pflanzen experimentiert. Leider stellte es sich bald heraus, daß *Begonia*-Blätter gegen Anaerobiose sehr empfindlich und deshalb für derartige Versuche wenig geeignet sind. In vielen Fällen, die z. B. *Cardamine*-Blätter ohne Schädigung überdauerten, gingen sie zugrunde.

1. Versuche mit HCN.

Abgeschnittene Blätter wurden im Dunkeln mit verschiedenen Konzentrationen von HCN bei verschiedenen Einwirkungszeiten behandelt. War die Dosis zu stark bemessen (z. B. 0,15% bei 4stündiger Einwirkungszeit), so gingen die Blätter zugrunde; bei geringeren Dosen (z. B. 0,025% bei 2stündiger Einwirkungszeit) war keine Schädigung, aber auch keine Beeinflussung des Regenerationsvorgangs festzustellen. Die Regenerate blieben auf den Stielpunkt beschränkt und traten etwa zu gleicher Zeit auf wie an unbehandelten Kontrollblättern.

2. Versuche mit Warmbad.
3. Versuche mitVakuumbehandlung.
4. Versuche mit Stickstoff.

Die Ergebnisse der Versuche 2—4 lauten ebenso wie die des Versuchs 1. Waren die Einwirkungszeiten zu lang oder die Temperatur bei Versuch 2 zu hoch bemessen, so trat eine Schädigung des Blattes ein; geringere Dosen, die nicht mehr schädigten, hatten aber auch keine stimulierende Wirkung. Das Ergebnis aller dieser Versuche war also ein durchaus negatives; es gelang auf keine Weise, den Regenerationsvorgang anzuregen.

Ehe auf ähnliche Versuche an anderen Pflanzen eingegangen wird, soll im Zusammenhang mit den Regenerationserscheinungen bei *Begonia* noch ein anderes Problem erörtert werden.

Man hat viel darüber diskutiert, ob der Wundreiz bei der Auslösung von Regenerationserscheinungen eine Rolle spielt. Unter „Wundreiz" sollen hier die Veränderungen verstanden werden, die infolge der Wundsetzung in den mechanisch verletzten Zellen auftreten und von da aus auch auf benachbarte unverletzte Zellen übergreifen können. Daß bei der Entstehung der Neubildungen im Stielpunkt des *Begonia*-Blattes der Wundreiz mitwirkt, der nur von der Schnittfläche des Blattstiels ausgehen könnte, scheint sehr unwahrscheinlich, um so mehr, als der Blattstiel oft eine beträchtliche Länge erreichen kann und die Leitung eines Wundreizes über eine so lange Strecke nach den bisher vorliegenden

Erfahrungen ausgeschlossen ist. Wenn man bei der Entstehung der Neubildungen im Stielpunkt die Mitwirkung des Wundreizes ausschließt, so liegt auch kein Grund vor, die Verwundung bei dem Auftreten von Adventivbildungen an den Einschnittstellen als ausschlaggebend anzusehen. Dasselbe geht aus den oben angeführten Versuchen hervor, die zeigten, daß es genügt, die Stielpunktregion am Austreiben zu verhindern, um Regenerate auf den Nerven entstehen zu lassen. Wollte man den Wundreiz am eingeschnittenen Blatt den Ort der Regeneration bestimmen lassen, so ist es schwer erklärlich, warum nicht auch unterhalb der Wunde Neubildungen auftreten; denn daß auch die Zellen unterhalb des Einschnitts dieselbe latente Befähigung zur Adventivbildung besitzen, lehrt die einfache Vorstellung dessen, was geschehen wäre, wenn man den Schnitt so geführt hätte, daß die Partie unterhalb des Schnitts oberhalb des neuen Schnitts gelegen hätte.

Es ist eine alte Erfahrung, daß Wundsetzung in vielen Fällen Zellteilung hervorruft. HABERLANDT führt in diesen Fällen das Auftreten von Teilungen auf die Wirksamkeit von Wund- und Nekrohormonen zurück, die in den geschädigten oder getöteten Zellen entstehen. REICHE (1924) gelang es, durch Injektion von arteigenen Gewebesäften in Stengeln und Blattstielen verschiedener Pflanzen eine Teilung von Dauerzellen herbeizuführen. Ebenso bekam WEHNELT (1927) reichliche Zellteilungen nach Bestreichen des Perikarps von *Phaseolus*-Hülsen mit Gewebesaft.

Wenn Wundhormone eine Rolle spielten bei der Bildung von Adventivsprossen auf *Begonia*-Blättern, wäre es vielleicht möglich durch derartige Injektionen Adventivbildungen hervorzurufen. Es wurde deshalb Gewebebrei aus zerriebenen *Begonia*-Blättern in die Nerven an verschiedenen Stellen abgeschnittener Blätter injiziert. Diese Injektionen verliefen jedoch ebenso wie Kontrollinjektionen mit Leitungswasser ergebnislos; Adventivbildungen traten nur im Stielpunkt auf.

Eine nähere Untersuchung zeigt, daß jedoch auch am *Begonia*-Blatt nach Wundsetzung Zellteilungen eintreten. Oberhalb und unterhalb eines Schnitts durch einen Nerven bildet sich ein Wundgewebe, das aber mit dem Auftreten von Adventivbildungen nichts zu tun hat. Man muß folglich in diesem Fall nach den entstehenden Produkten zwei verschiedene Teilungsarten der Dauerzellen unterscheiden; einmal diejenige, die zur Entstehung von Wundgewebe führt, und zum anderen die über den Vorgang der Furchung verlaufende Bildung neuer Sproßmeristeme. Derartige Gedankengänge finden sich bereits bei MIEHE (1926), der davor warnt, „ohne weiteres Zellteilung als genügendes Kriterium für einen Anlauf zu embryonaler Entwicklung“ anzusehen. Besonders deutlich zeigte sich dieser Unterschied in folgendem Versuch: Die Epidermis eines isolierten Blattes war vorsichtig als schmaler Streifen von den höchsten Erhebungen aller Nerven vom Stielpunkt aus bis etwa „a“ abgezogen worden (vgl. Abb. 3). Es war also eine Wunde entstanden. Kräftige Neubildungen traten nur im Stielpunkt auf. Eine mikroskopische Untersuchung zeigte, daß sowohl die Epidermis als auch das darunterliegende Kollenchym abgezogen worden waren, an deren Stelle hatte sich ein typisches Wundkorkgewebe von ansehnlicher Dicke gebildet, mit oft sieben parallelen Wänden hintereinander. Weder die intakten an die Wunde grenzenden Epidermiszellen in „a“, noch die auf dem Querschnitt an die Wunde grenzenden hatten Adventivsprosse gebildet. Die aufgetretenen Teilungen hatten mit der Entstehung neuer Sproßmeristeme nichts zu tun. Auch nach einer Kultur von vielen Wochen entstehen aus diesem Wundkork keine Knospen. Man hätte ja auch erwarten können, daß einmal angeregte Teilungen automatisch bis zur Bildung eines neuen Sprosses weiterlaufen müßten. Auf den Querschnitten durch die so präparierten Blätter wurde jedoch einmal außerhalb dieses Wundkorkgewebes, durch mehrere Epidermiszellen davon getrennt, ein typisches Furchungsstadium gefunden, also ganz deutlich in keinem Zusammenhang mit dem Wundgewebe.

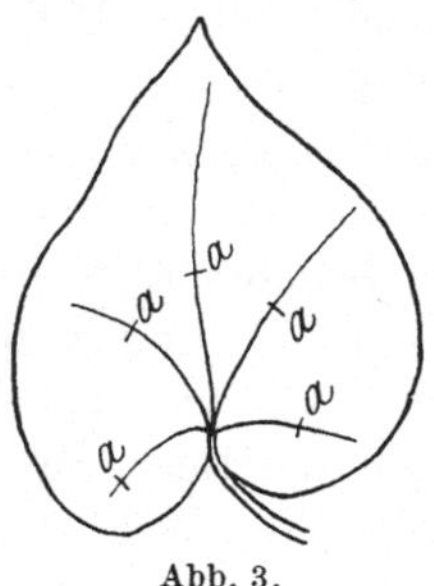

Abb. 3.

Dasselbe lehren Versuche von Börger (1925), der fand, daß um kleine Wundstellen der Epidermis von *Begonia Rex* Vernarbungen auftreten, die nicht Ansätze zur Regeneration sind; entweder wuchsen die benachbarten Zellen in die toten hinein, oder es kam zu Teilungen der an die Wunde angrenzenden Zellen, die — wie aus den beigegebenen Zeichnungen deutlich hervorgeht — nicht den Charakter von Furchungsteilungen haben.

Die eigentlichen Furchungsteilungen verlaufen — wie häufig geschildert worden ist — ohne Volumenzunahme der gebildeten Tochterzellen, sodaß schließlich ein Komplex kleiner plasmareicher Zellen innerhalb des Volumens einer ursprünglichen Zelle entsteht. Linsbauer (1916) spricht in diesem Fall von „regressiven Meristemen“.

Aus dem Dargelegten geht mit Deutlichkeit hervor, daß ein und dieselbe Zelle beide Arten der Teilung durchmachen kann; deshalb schließe ich auf verschiedene Auslösungsfaktoren bei beiden Erscheinungen. Die Bildung von Wundkork führt man seit den Untersuchungen Haberlandts auf die Wirksamkeit von Wundhormonen zurück. Anschließend an derartige Anschauungen spricht Hartsema von einem „Teilungsreiz des Phloëms“, der die Adventivsproßbildung hervorrufen soll, da sie gefunden hatte, daß die einleitenden Teilungen zur Bildung neuer Sprosse in Parenchymzellen neben dem Siebteil auftreten. Wenn sie dann schreibt: „Man könnte auch annehmen, daß kein prinzipieller Unterschied vorliegt zwischen dem Reiz der verwundeten oder getöteten Zellen und dem Teilungsreiz des Phloëms, sondern daß der Wundreiz vom Siebteil weitergeführt wird," so ist das nach meinem Dafürhalten nicht gerechtfertigt; ich glaube vielmehr, daß man den verschiedenen Teilungsprodukten — die aus ein und derselben Zelle entstehen können — entsprechend auch verschiedene Auslösungsfaktoren annehmen muß. Worin im einzelnen der Anlaß zur Furchung besteht, ist uns heute noch gänzlich unbekannt.

In kurzen Worten ergibt sich somit, daß die Mitwirkung des Wundreizes bei der Bildung von Adventivsprossen am *Begonia*-Blatt in keinem Fall sicher nachgewiesen ist, und daß Fälle bekannt sind, bei denen ein Wundreiz bestimmt nicht von Bedeutung ist. Ich möchte mich deshalb MIEHE durchaus anschließen, wenn er die Hauptbedeutung der HABERLANDTschen Wundhormone auf dem Gebiet der „Physiologie der Wundperidermbildung" und nicht auf dem Gebiet der „allgemeinen Entwicklungsphysiologie" sieht. Alle diese Erwägungen beziehen sich nur auf Dauerzellen; wie die Verhältnisse bei embryonalen Geweben liegen, ob hier auch Wundgewebe gebildet wird, oder ob Zellteilung in jedem Fall eine Einleitung neuer Entwicklung darstellt, ist heute noch nicht zu entscheiden. Aus den Untersuchungen HABERLANDTS (1921, 1922) über traumatische Parthenogenese und ähnliche Erscheinungen geht so viel hervor, daß durch Verletzung wundgewebeartige Teilungen der Integument- und Nuzelluszellen hervorgerufen werden können, die zunächst keineswegs einen Ansatz zu embryonaler Entwicklung darstellen; erst wenn diese Wucherungen in den Embryosack hineinwachsen, können sie zu Embryonen werden. Man wird deshalb heute noch vorsichtig sein müssen mit einer Annahme wie der von F. WEBER (1922), daß in gewissen Fällen Wundhormone die Entwicklungsanregung beim Frühtreiben bewirken.

5. *Marchantia*.

Das prompte und rasche Regenerationsvermögen der Lebermoose ist bekannt. Die grundlegende Arbeit über die Regenerationserscheinungen der Marchantieen verdanken wir VÖCHTING (1885). Später folgten dann weitere Untersuchungen von SCHOSTAKOWITSCH (1894), KREH (1909) u. a.

Marchantia stand mir das ganze Jahr hindurch in beliebiger Anzahl zur Verfügung und wurde vornehmlich während der Wintermonate als Versuchsmaterial gewählt. Doch liefen auch während des Sommers einige Versuche; wesentliche jahreszeitliche Differenzen des Regenerationsvorganges wurden nicht festgestellt. Auch im Frühjahr zur Zeit der Ausbildung der Antheridien- und Archegonienstände war kein bemerkenswerter Unterschied der Regenerationsintensität steriler und fertiler Thalli zu beobachten.

Die Thallusstücke von *Marchantia* wurden in Petrischalen auf Filtrierpapier oder auf etwa 2 mm dicken Scheibchen von Sonnenblumenmark kultiviert. Filtrierpapier und Mark wurden mit 1:10 verdünnter Knopscher Nährlösung oder nur mit Wasser getränkt. Die Petrischalen kamen am Westfenster eines geheizten Zimmers oder im Gewächshaus zur Aufstellung.

Schneidet man aus dem Thallus von *Marchantia* Stücke ohne Scheitelregion, so zeigen sich schon nach einigen Tagen dicht hinter der apikalen Schnittfläche auf der Unterseite des Thallus die ersten Stadien der Regenerate in Gestalt kleiner, frischgrüner Höckerchen, die sich rasch zu neuen Thalluslappen weiterentwickeln. Im Normalfall entstehen diese Neubildungen aus der ventralen Rindenschicht des Mittelnerven, die nach Vöchtings Angaben bei *Lunularia* und nach eigenen Beobachtungen an *Marchantia* auch an alten Pflanzen oft, nicht immer „auffallend frisch und teilungsfähig bleibt". An Stücken ohne Mittelrippengewebe gehen die Neubildungen aus Parenchymzellen hervor. Schließlich besitzt fast jede Zelle des Thallus die latente Befähigung zur Regeneration, wie Vöchting bei *Lunularia* gezeigt hat und Schostakowitsch und Kreh für andere Marchantieen bestätigten.

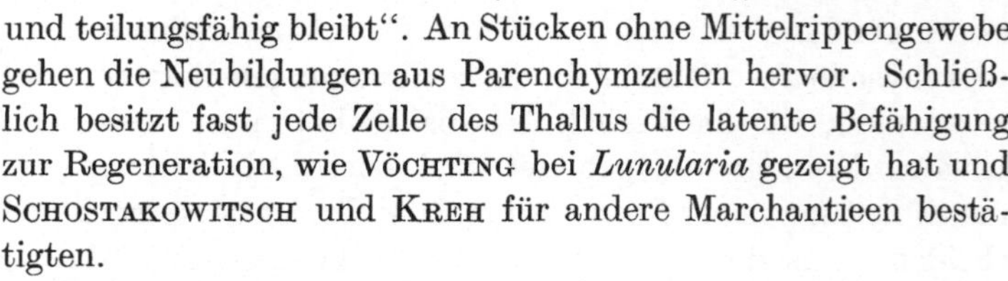

Abb. 4.

Solange die unversehrte Scheitelregion in ungestörtem Zusammenhang mit den übrigen Thalluspartien steht, werden niemals Regenerate gebildet, auch nicht wenn man die Pflanzen bei hoher Luftfeuchtigkeit auf sehr feuchtem Substrat kultiviert. Entfernt man die Scheitelregion, so tritt praktisch in jedem Fall (natürlich günstige äußere Verhältnisse vorausgesetzt) Regeneration ein. Diese beiden Beobachtungen berechtigen auch bei diesem Lebermoos zur Annahme von korrelativen, wechselseitigen Beziehungen zwischen dem embryonalen Gewebe, d. h. der Scheitelregion, und den übrigen Pflanzenteilen. Diese Beziehungen scheinen hier sogar besonders enge zu sein.

Wurde an *Marchantia*-Stücken mit Scheitelmeristem die Mittelrippe an einer Stelle durchschnitten, so traten in meinen Versuchen nur in sehr seltenen Fällen Regenerate hinter der basalen Wundfläche auf; meistens blieb die Regeneration aus. Eine korrelative Beeinflussung der Thalluszellen durch die tätige Scheitelregion muß demnach auch auf einem Wege außerhalb der Mittelrippe möglich sein. Dasselbe lehrt der folgende Versuch: Versieht man ein Thallusstück in der Längsrichtung abwechselnd mit Querschnitten nur durch die Mittelrippe und durch das Gewebe außerhalb der Mittelrippe (vgl. Abb. 4) und sorgt dafür, daß sich die Wundränder nicht berühren, so bleiben Regenerate in der Regel aus. Vöchting gibt für *Lunularia* an, daß nach Durchschneiden des Mittelnerven „gewöhnlich hinter der Schnittfläche Sprosse gebildet wurden, die aber oft nicht zur Ausbildung gelangen". Bei älteren Thallusstücken von *Marchantia* sind die korrelativen Beziehungen der einzelnen Pflanzenteile untereinander auch nicht mehr so fest ausgeprägt; es treten dann häufiger Regenerate hinter der Schnittfläche auf.

Einblick in die korrelativen Beziehungen gewährten auch hier Bestrahlungsversuche mit Radium.

1. wurde die Scheitelregion eines Thallusstückes 24—48 Stunden bestrahlt. Das Scheitelmeristem stellt sein Wachstum ein, bleibt aber zunächst frisch und grün, sodaß unter dem Binokular bei schwacher Vergrößerung keinerlei Veränderungen wahrnehmbar sind; bald treten dann Regenerate auf, häufig in der Nähe der Basis. Nach einigen Wochen zeigt es sich dann, daß die Scheitelregion doch geschädigt worden ist, sie beginnt auszubleichen und stirbt ab.

2. wurden Thallusstücke ohne Scheitelregion nahe der apikalen Schnittfläche von der Unterseite (d. h. an der Stelle, wo Regeneration zu erwarten war) 24 Stunden bestrahlt. Neubildungen treten stets an einer weiter basalwärts gelegenen Stelle auf. An der apikalen Schnittfläche, in der bestrahlten Zone bilden sich in manchen Fällen deutlich verzögert noch Ansätze zu Regeneraten, die aber das Wachstum bald einstellen. Nach einer Bestrahlung von 45 Stunden blieben auch diese Ansätze aus.

3. wurde eine kleine Zone der Mittelrippe eines Stückes mit Scheitelregion 40 Stunden bestrahlt. Das bestrahlte Stück bleichte aus und starb ab; Regeneration erfolgte nicht.

Ähnliche Bestrahlungsversuche hat Linsbauer (1926a, b) mit Hilfe von Röntgenstrahlen bei Farnprothallien und Jugendformen von *Lunularia* und anderen Lebermoosen durchgeführt. Auch er erhielt Ersatzbildungen nach entsprechender Bestrahlung durch Störung der normalen Gewebskorrelation.

Durch Bestreichen mit Vaseline gelang es mir nicht, die apikale Partie eines Stückes ohne Scheitelregion an der Ausbildung von Regeneraten zu verhindern; diese treten zwar merklich verzögert auf, bleiben aber auf diese Stelle beschränkt und durchwachsen die Vaselineschicht. Bessere Ergebnisse wurden durch Eingipsen erzielt. Sowohl an Stücken mit als auch an solchen ohne Scheitelregion gelang es, hinter der apikalen eingegipsten Partie auf der Thallusunterseite Adventivbildungen entstehen zu lassen.

Wenn die Korrelation zwischen Scheitelregion und Thallusfläche auf einer Diffusion gewisser Stoffe in einer oder der anderen Richtung beruhte, dürfte man hoffen, daß diese Stoffe auch durch eine dünne Schicht von Agar-Agar hindurchwanderten, da Paál in der oben angeführten Arbeit fand, daß der phototropische Reiz — der nach seinen Schlüssen wenigstens zum Teil auf einer Diffusion beruht — auch durch eine dünne Gelatineschicht geleitet wird. Es wurde deshalb der folgende Versuch angestellt. Thallusstücke von *Marchantia* mit Scheitelregion wurden etwa in der Mitte der Längsausdehnung quer durchschnitten, mit einer dünnen Schicht von 3%iger Agar-Agarlösung wieder aneinandergeklebt und dann in horizontaler oder vertikaler Stellung kultiviert. Die Stücke hafteten gut aneinander, bildeten aber alle ebenso wie nicht aneinandergeklebte Kontrollen Regenerate dicht hinter der apikalen Schnittfläche des unteren Teiles. Eine korrelative Beeinflussung der Thallusfläche seitens der Scheitelregion über die Agar-Agarschicht hinweg scheint also nicht möglich zu sein. Es wurde nun versucht, derartige Schnittflächen sofort nach ihrer Herstellung wieder aneinanderzupassen und mit Hilfe eines Vaselinringes in dieser Lage zu fixieren; das gelang jedoch nicht, die Stücke klafften in jedem Fall auseinander. Deshalb wurde dann noch anders vorgegangen. Am oberen Teil wurde vorsichtig mit einer Lanzettnadel parallel zur Thallusfläche ein nur zur Schnittfläche offener Einschnitt hergestellt (vgl. Abb. 5) und das basale Stück so zurecht geschnitten, daß seine Spitze mit dem Mittelnerven in diesen Einschnitt hineingeschoben werden konnte, um so eine möglichst innige Verbindung beider Stücke herzustellen. Auch hier traten jedoch an allen Basalstücken Regenerate auf. Tötet man eine schmale Querzone eines Thallusstückes durch Berühren der Ober- und Unterseite mit einer heißen Nadel ab, so bleibt schließlich der Zusammenhang zwischen Spitzen- und Basisstück nur durch das tote Gewebe der Mittelrippe gewahrt; die äußeren, zarteren Teile des Gewebes gehen zugrunde. Regeneration tritt in jedem Fall an der apikalen Fläche des basalen Stückes ein. Eine Beeinflussung des basalen Stückes über die abgestorbene Zone hinweg ist demnach nicht mehr möglich. Aus den Versuchen geht hervor, daß es auf keine Weise möglich war, korrelative Beziehungen zwischen zwei Thallusstücken nach einmaliger Aufhebung der Kontinuität lebender Zellen wieder herzustellen.

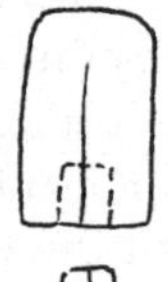

Abb. 5.

Nachdem bisher über Bemühungen um das Verständnis der korrelativen Abhängigkeiten bei *Marchantia* berichtet wurde, soll nun auf Versuche eingegangen werden, die eine Förderung oder Auslösung der Bildung der Adventivthalli bezweckten.

Marchantia-Stücke mit Scheitelregion wurden einer Behandlung ausgesetzt: 1. mit Warmbad, 2. mit HCN, 3. mit Äther, 4. im Vakuum.

Die Versuchsanordnung im einzelnen war dieselbe wie bei den oben geschilderten *Cardamine*-Versuchen.

Bei allen Versuchen wurden Konzentration und Einwirkungszeiten weitgehend variiert. In allen Fällen, in denen das Scheitelmeristem nach der Behandlung unbeschädigt weiterwuchs, traten keine Adventivbildungen auf. Nur wenn die Scheitelregion deutlich sichtbar durch eins der vier Mittel geschädigt war, stellten sich Regenerate ein.

Denselben vier Behandlungsweisen wurden *Marchantia*-Stücke ohne Scheitelregion unterworfen in einer großen Anzahl von Versuchen. Für Versuch und Kontrolle wurde jeweils die gleiche Anzahl von Stücken (15—50) benutzt, die unter gleichen Bedingungen kultiviert wurden, wenn möglich in einer Petrischale. Unter dem Binokular wurden die Kulturen etwa alle 4 Tage kontrolliert und die Anzahl der Stücke mit Regeneraten bei Versuch und Kontrolle notiert. Die Kulturen kamen zum Teil bei relativ niederen Temperaturen (etwa 10^0 C) zur Aufstellung, um den Regenerationsvorgang der Kontrollen zu verlangsamen und die etwa vorhandene Stimulation der Versuchsexemplare deutlicher hervortreten zu lassen. Andere Versuche wurden in der Art angestellt, daß Thallusstücke erst einige Tage nach dem Zurechtschneiden, nachdem also der Regenerationsvorgang schon eingeleitet war, der Behandlung ausgesetzt wurden. Das Ergebnis aller dieser Versuche war, daß keinerlei einwandfrei feststellbare Förderung des Regenerationsvorganges durch die angewandten Methoden zu erzielen war.

Es gelang also bei *Marchantia* niemals, ruhende Zellen durch diese Frühtreibmittel zur Entwicklung anzuregen, weder wenn sie sich im Zusammenhang mit wachsenden embryonalen Geweben befanden, noch wenn sie in Zusammenhang mit wachsenden Regeneraten auf verschiedenen Entwicklunggsstufen standen; ebenso gelang es nicht, das Wachstum der einmal angelegten, im Entstehen begriffenen Regenerate durch diese Mittel deutlich erkennbar zu fördern. Für diesen zweiten Punkt gilt aber das, was oben für *Cardamine* ausgeführt wurde, daß nämlich für derartige Feststellungen regenerierende Objekte nicht geeignet sind, da man keine einigermaßen exakten Messungen ausführen kann und die individuellen Schwankungen immerhin beträchtlich sind.

Bei Farnprothallien ist es ISABURO-NAGAI (1914) gelungen, Adventivbildungen willkürlich durch Plasmolyse hervorzurufen. Der Gesichtspunkt einer Verknüpfung von embryonalen und älteren Zellen des Prothalliums scheint NAGAI ferner zu liegen; ob die Prothallien auch bei Ausbildung zahlreicher Adventivprothallien weiterwuchsen, geht aus der Arbeit nicht hervor. Immerhin ist es nicht wahrscheinlich, daß die meristematischen Zellen durch die Plasmolyse geschädigt worden waren. Spätere Untersuchungen von HABERLANDT (1919, 1920) und PFEIFFER (1930) zeigen, daß auch Zellen höherer Pflanzen durch Plasmolyse zur Teilung angeregt werden können.

Es wurden deshalb *Marchantia*-Stücke einer Plasmolyse unterworfen mit der Hoffnung, Adventivbildungen dadurch herbeizuführen. In keinem Fall trat aber weder an den Stücken mit Scheitelregion ein Adventivthallus, noch an denen ohne Scheitelregion eine Beschleunigung des Regenerationsvorganges, noch eine Vermehrung der Regenerate auf. Als Plasmolysemittel wurde Rohrzuckerlösung benutzt, deren plasmolytische Wirksamkeit in Vorversuchen ermittelt worden war. Die ganzen Thallusstücke wurden in das Plasmolytikum eingelegt. (Allerdings wurde die Plasmolyse nach dem Einlegen des Thallusstückes in die Lösung nur in Epidermis- und Parenchymzellen beobachtet, wegen technischer Schwierigkeiten nicht in den Zellen der ventralen Rindenschicht selbst. Die Konzentrationen und Einwirkungszeiten wurden aber nach oben bis zur letalen Grenze variiert, sodaß auch in der ventralen Rindenschicht Plasmolyse vorgelegen haben muß, selbst wenn ihr osmotischer Wert bei Grenzplasmolyse merklich verschieden sein sollte von dem der Parenchym- oder Epidermiszellen.) Ob in meinen Versuchen nach Plasmolyse an irgendeiner Stelle im Gewebeverband einzelne Zellteilungen auftraten, wurde nicht näher untersucht, da es vor allem interessierte, ob es zur Ausbildung von Regeneraten nach Plasmolyse der Zellen bei normal wachsender Scheitelregion kam. Das war jedoch nie der Fall.

Gegen die Annahme einer Mitwirkung von Wundhormonen bei der Regenerationsauslösung lassen sich auch hier gewichtige Gründe anführen. Aus den beschriebenen Versuchen geht hervor, daß nicht an jeder Wundfläche Regenerate entstehen, und daß andererseits Regeneration auch in Partien ausgelöst werden kann, die relativ weit von einer Wunde entfernt sind. Nach den Angaben von Vöchting und Kreh bilden Lebermoose nach Verletzung kein korkartiges Wundgewebe wie höhere Pflanzen, trotzdem besitzen sie die Fähigkeit, aus Thalluszellen durch Teilung neue Individuen hervorgehen zu lassen. Vielleicht weist auch dieser Befund darauf hin, daß Teilung nach Wundreiz und Teilung als Einleitung neuer Entwicklung grundverschiedene Erscheinungen sind.

Abb. 6.

Besonders auffallend ist an diesem Objekt die streng polare Anordnung der Regenerate (wie sie in ähnlicher Weise auch am *Begonia*-Blatt vorliegt). Am isolierten Thallusstück treten in weitaus den meisten Fällen nur in nächster Nähe der apikalen Schnittfläche Adventivbildungen auf. Dabei ist allerdings zu beachten, daß Schnittflächen durch die Mittelrippe stets bevorzugte Bildungsstellen für Regenerate sind. Man muß deshalb bei derartigen Versuchen stets sorgfältig darauf achten, daß man Stücke mit geradlinig in der Mitte verlaufender Rippe herausschneidet, denn Bildungen, wie sie Abb. 6 darstellt, können leicht Anlaß zu Irrtümern geben. Auch wenn man die Thallusstücke mit der Oberseite der Unterlage auflegt, findet Regeneration vornehmlich an der apikalen Schnittfläche statt. Dasselbe ergibt sich, wenn man Stücke in senkrechter Lage mit der Basis in Sand gesteckt kultiviert. Selbst wenn man die Thalli umgekehrt, also mit der apikalen Seite voran, senkrecht etwa 0,5 cm tief in den Sand steckt, treten noch in der Mehrzahl der Fälle an der apikalen Schnittfläche etiolierte Adventivbildungen auf, die parallel zum alten Thallus, den Sand senkrecht durchwachsend, einen merkwürdigen Anblick gewähren. Während sie im Normalfall in der geradlinigen Verlängerung des alten Thallusstückes wachsen, ist ihr Scheitel hier um 180^0 gedreht. Neben diesen Fällen stehen solche, bei denen an der apikalen Schnittfläche, die im Sand gesteckt hatte, deutliche Ansätze zu Regeneraten in Gestalt kleiner Höckerchen da sind, die sich aber nicht weiter entwickelt haben, während basalwärts davon, entweder in der Höhe der Sandoberfläche oder an der Basis, kräftige Neubildungen aufgetreten sind. Endlich wurden auch solche Fälle beobachtet, wo nur über der Sandoberfläche Adventivbildungen aufgetreten waren, ohne daß das Stück unter dem Sand abgestorben war. VÖCHTING gibt für *Lunularia* bereits ähnliche Ergebnisse an. Ganz ohne Bedeutung sind die äußeren Bedingungen demnach nicht für den Regenerationsvorgang. Viel wichtiger ist aber, daß selbst unter so ungünstigen Verhältnissen in vielen Fällen Regeneration an der apikalen Schnittfläche eintrat, während das bei Stücken, die mit der Basis in den Sand gesteckt wurden, nie vorkam.

Von einer Erklärung des Zustandekommens der polaren Anordnung der Regenerate sind wir heute noch weit entfernt. VÖCHTING führt die Polarität des Thallus auf den polaren Bau seiner Elementarbestandteile („der Plasma-Molekel") zurück. KREH gelang es, bei verschiedenen Jungermanniaceen nachzuweisen, daß isolierte Zellen sich in Bezug auf Polarität ebenso verhalten wie das Organ, dem sie angehören. Worauf diese Polarität der einzelnen Zellen beruht, entzieht sich unserer Kenntnis. Man könnte etwa an lokale Viskositätsunterschiede des Plasmas denken, wie sie SCHEITTERER (1930) durch einseitige Plasmaabhebung bei Plasmolyse von Palissadenzellen des *Helleborus*-Blattes wahrscheinlich gemacht hat. Eigene Plasmolyseversuche an Flächenschnitten von der Ventralseite des *Marchantia*-Thallus mit (0,25 mol.) KNO_3-Lösung ergaben nichts derartiges. Die Abhebung des Plasmas begann stets in der spitzesten Ecke der Zelle, ganz gleich welche Lage diese zum Scheitelmeristem einnahm.

6. *Solanum Lycopersicum.*

Das Auftreten von Adventivsprossen auf den Blättern von *Solanum Lycopersicum* wurde zuerst von DUCHARTRE 1853 beobachtet. Er beschreibt zwei Sorten (*Lycopersicum cerasiforme* DUN. und *Lycopersicum pyriforme* DUN.), die durch derartige Bildungen ausgezeichnet waren. Bei anderen Sorten, die in demselben Garten kultiviert worden waren, fand DUCHARTRE nie Adventivsprosse. Diese Adventivbildungen traten spontan auf, ohne daß die Pflanzen irgendwie verletzt worden waren. LUTZ (1908) beschreibt ebensolche Adventivsprossbildung auf den Blättern von Bastarden aus „Tomate Cerise" und gewöhnlicher roter Tomate. Sie traten nur auf, nachdem die Pflanzen zurückgeschnitten,

d. h. des Vegetationspunktes beraubt worden waren. Diese Erscheinung findet dann wieder Erwähnung bei LINSBAUER (1924), der Adventivsproßbildung auf den Blättern der Tomatensorte „Stachelbeerfrüchtige" nach Zurückschneiden der Pflanzen beobachtete. Außerdem finden sich hier und da in der Literatur kurze Angaben ohne nähere Ausführung über derartige Bildungen an Tomatenblättern; so bei FRIEDERICI (1875), PENZIG (1921), MOLISCH (1922), HEIDENHAIN (1923) u. a.

Ich wurde auf die Erscheinung aufmerksam gemacht durch Herrn Privatdozenten Dr. ULLRICH, der von einer Reise nach Ungarn fixiertes Material von Tomatenblättern mit Adventivsprossen mitbrachte[1]. Dort (Raab [Győr]), wo Tomaten zu viel kräftigerer und üppigerer Entwicklung kommen als bei uns, ist diese Bildung von Adventivsprossen auf festsitzenden Blättern (nach Herrn Dr. ULLRICH) sehr häufig, die Sprosse kommen nach Ausbildung einiger Blätter zur Blüte und tragen Früchte. Ob die Adventivbildungen dort nur auftreten, nachdem der Hauptvegetationspunkt entfernt worden ist oder auch an unverletzten Pflanzen, war nicht feststellbar, da stets viele Triebe ausgebrochen wurden.

Im Sommer 1930 wurden im Leipziger Botanischen Garten Tomatenpflanzen aus ungarischen Samen gezogen. (Leider ließ sich die Sorte nicht feststellen.)

Die Adventivsprosse entstehen auf der Oberseite des Blattes über der Ansatzstelle eines mittleren Seitennerven an der Rhachis. Diese Stelle der Mittelrippe ist von vornherein etwas vorgewölbt. Abb. 7 gibt einen Querschnitt durch die Mittelrippe des Blattes in schematischer Darstellung wieder. Das vorgebildete Höckerchen an der Ansatzstelle der Seitennerven zeigt sich im Querschnitt als „lokale Verbreiterung und massige Ausbildung der sonst von Kollenchym erfüllten Lücke im Assimilationsgewebe des Blattstiels" (LINSBAUER). Die Anzahl der Zellen nimmt an diesen Stellen in Richtung der Pfeile auf Abb. 7 bedeutend zu, ohne daß sie sich ihrer Beschaffenheit nach irgendwie von den übrigen Parenchymzellen unterscheiden. Vorgebildetes meristematisches Gewebe wie bei *Bryophyllum* und *Cardamine* fehlt demnach hier vollständig. Diese anatomische Untersuchung bezieht sich auf Blätter der ungarischen Tomatensorten. Äußerlich betrachtet geht die Entwicklung des jungen Sprosses so vor sich, daß die Vorwölbung über der Mittelrippe zunächst anschwillt, bis schließlich die Anlagen der ersten Blättchen sichtbar werden. Wurzeln werden an dieser Stelle nicht gebildet.

Ich experimentierte zunächst mit isolierten Blättern sowohl einheimischer als auch ungarischer Sorten, die wie üblich auf feuchtem Sand kultiviert wurden. Am Blattstiel und an der Mittelrippe bildeten sich nach kurzer Zeit Adventivwurzeln, am besten an den Stellen, wo die

[1] Für die Überlassung dieses Materials möchte ich auch an dieser Stelle bestens danken.

Mittelrippe unmittelbar mit dem Sand in Berührung kam oder der Blattstiel im Sand steckte. Die Wurzeln treten meist in großer Zahl auf und können die Länge des Blattes erheblich übertreffen. Sproßregenerate bekam ich jedoch an isolierten Blättern in keinem Fall; doch möchte ich auf diesen Befund keinen großen Wert legen, da ich keine größere Zahl von Versuchen ansetzte und die äußeren Bedingungen in allen Fällen ähnliche waren (~20° C). Vielleicht hätten sich bei höheren Temperaturen bessere Resultate erzielen lassen.

Adventivwurzeln werden auch an anderen Teilen der Pflanze sehr leicht gebildet. Ganze Pflanzen mit und ohne Vegetationspunkt, die einige Zeit in feuchter Atmosphäre gehalten worden waren, hatten entlang des Stammes endogene Adventivwurzeln in großer Zahl angelegt, die zum Teil die Rinde durchbrachen.

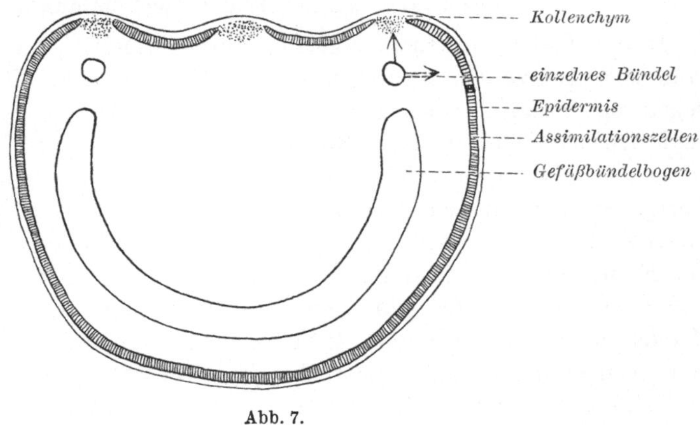

Abb. 7.

Weiter stellte ich mit ganzen Pflanzen Versuche an. Da ich sie mit verschiedenen Gasen behandeln wollte, mußte ich mit eingetopften Exemplaren arbeiten; dabei mußte der Nachteil in Kauf genommen werden, daß Topfpflanzen stets weniger gut gedeihen als Freilandexemplare, die sehr bald ein weit ausgebreitetes Wurzelsystem entwickeln. Schnitt ich an derartigen Pflanzen den Hauptvegetationspunkt ab, entfernte die Achselknospen und sorgte dafür, daß sich keine neuen Sprosse in den Achseln entwickeln konnten, so bildeten sich an der Wundfläche des Stammes Adventivsprosse, wie das schon Winkler (1907) beobachtet und in seinen bekannten Pfropfversuchen verwendet hat. Außerdem entwickelten sich auf den kräftigsten Blättern Adventivsprosse, die in meinen Versuchen allerdings nicht über das erste Blättchenpaar hinauskamen. An nicht zurückgeschnittenen Pflanzen, die unter den gleichen äußeren Verhältnissen kultiviert wurden, kam es nie zu derartigen Bildungen. Demnach muß auch hier eine Korrelation zwischen Vegetationspunkt und Blättern bestehen in der Art, daß ungestörter Zusammenhang von Blatt und Vegetationspunkt die Bildung von Adventivsprossen auf den Blättern verhindert. Eine notwendige Folge dieser Behauptung wäre allerdings, daß isolierte Blätter Regenerate hervorbringen.

Ganze Pflanzen wurden nun mit Warmbad und HCN behandelt (über die Methodik der Versuche siehe oben!), den beiden Mitteln, die bei *Cardamine* und *Bryophyllum* die besten Erfolge gezeitigt hatten. Die Pflanzen erwiesen sich als überaus empfindlich. Positive Erfolge wurden in keinem Fall erzielt; an Pflanzen mit intaktem Vegetationspunkte traten nach der Behandlung niemals Adventivsprosse auf. Ebenso verliefen Injektionen mit Glutathionlösung (siehe oben!) in die Mittelrippe des festsitzenden Blattes durchaus negativ.

B. Wurzelwachstum und Wundgewebebildung.

In den Fällen, in denen es gelang, durch Stimulantia die Entwicklung neuer Individuen anzuregen, also bei *Cardamine* und *Bryophyllum*, liegen die Verhältnisse so, daß Gruppen von Zellen, die ohne den Eingriff höchstwahrscheinlich in Ruhe verblieben wären, zur Teilung und zu neuem Wachstum veranlaßt werden. Da die Behandlung oft nur wenige Stunden anhielt, werden die ersten Teilungen nicht während dieser Zeit eingetreten sein, sondern der Zustand der Zellen muß während der Einwirkung der Stimulantia irgendwie so verändert worden sein, daß dann später unter günstigen äußeren Bedingungen Teilung und Wachstum einsetzen konnten. Mit anderen Worten, es handelte sich um eine Wachstumsanregung, nicht um eine Wachstumsförderung bereits in Teilung befindlicher Organe. Im Verfolg dieses Gedankens interessierte es nun zu untersuchen, wie die angewandten Stimulantia auf bereits im Wachsen befindliche Organe einwirkten. Bei *Marchantia*, *Cardamine* und *Bryophyllum* waren zwar bereits ähnliche Versuche angestellt worden, die aber deshalb nicht zu einem klaren Ergebnis führten, weil die Objekte sich als ungeeignet für einigermaßen genaue Wachstumsmessungen erwiesen. Es wurde deshalb ein gleichmäßig wachsendes Objekt gesucht, dessen Zuwachs sich leicht genau erfassen ließ.

1. Keimlingswurzeln von Lupinus albus.

Es ist bekannt, daß Keimlingswurzeln diesen Forderungen gut entsprechen. Zunächst sollte hier untersucht werden, wie sich das Wachstum während der Einwirkung der Stimulantia verhält.

Die Samen von *Lupinus albus* wurden zunächst in Wasser gequollen, bis das Würzelchen die Schale durchbrach. Dann wurde der Keimling in die feuchte Atmosphäre eines zylinderförmigen Glases von etwa 70 ccm Inhalt gebracht; die Cotyledonen wurden mit einer Stecknadel am Pfropfen des Glases befestigt. Die Gläser wurden im Dunkelzimmer des Instituts aufgestellt, wo sie einige Zeit, mindestens aber über Nacht stehen blieben, ehe sie zu den Versuchen benutzt wurden. Das Wachstum der Wurzeln wurde im Horizontalmikroskop verfolgt, die Ablesungen (bei rotem Licht) alle 15 Min. vorgenommen. Alle Versuche wurden im Dunkelzimmer des Leipziger Botanischen Instituts ausgeführt, wo die Temperaturschwankung während der Zeit eines Versuches höchstens 1° C betrug. Auf diese Weise wurde das Gesamtwachstum der Wurzel, d. h. die Summe aus Streckungs- und Teilungswachstum, aufgenommen.

Die Kurven I—III der Abb. 8 geben den Verlauf des unbeeinflußten Wachstums wieder.

1. Versuche mit HCN.

Die Wand des Glases, in dem die Keimlingswurzel wuchs, war bis zu einem Drittel der Höhe mit feuchtem Filtrierpapier belegt, um die ein-

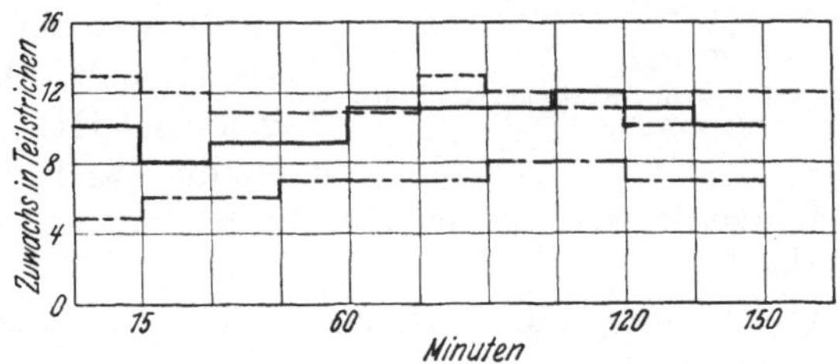

Abb. 8. ——— I, – – – II, – · – · – III. Unbeeinflußtes Wachstum.

geschlossene Luft feucht zu erhalten. Durch ein Glasrohr des doppelt durchbohrten Gummistopfens (der das Glas verschloß) wurde eine abgemessene Menge KCN-Lösung in das Gefäß gebracht, dann ließ ich auf demselben Wege Schwefelsäure nachlaufen, genügend, um die gesamte Menge HCN in Freiheit zu setzen. (Das Glasrohr muß möglichst weit unterhalb der Wurzel enden, damit der Keimling beim Einlassen der Flüssigkeiten nicht durch Spritzen beschädigt werden kann.) Nun wurde wieder auf demselben Wege so viel Paraffinöl zugegeben, daß sich eine zusammenhängende Schicht über der Schwefelsäure bildete, da sich in Vorversuchen herausgestellt hatte, daß eine entsprechende Menge hygroskopischer H_2SO_4 allein schon das Wurzelwachstum hemmt, ohne daß KCN-Lösung zugegen ist. Schichtet man jedoch Paraffinöl über die Schwefelsäure ohne vorherige Zugabe von KCN, so wird das Wachstum der Wurzel nicht beeinflußt.

Zunächst wurden stets einige Ablesungen des unbeeinflußten Wachstums aufgenommen (und nur hinreichend gleichmäßig wachsende Exemplare zu den Versuchen benutzt), dann HCN im Glas entwickelt wie oben beschrieben. Die Ablesungen ergaben eine stark verlangsamte Wachstumsgeschwindigkeit während der Blausäureeinwirkung bei mittleren Dosen, z. B. 0,01—0,07% HCN bei etwa 2—4stündiger Einwirkungszeit (vgl. Kurve V und VI der Abb. 9). Weitere Beispiele:

Mittelwert aus 9 Ablesungen vor der HCN-Begasung: 1,2; Mittelwert während 4stündiger Einwirkung von 0,07% HCN: 0,3.

Mittelwert aus 6 Ablesungen vor der HCN-Begasung: 0,9; Mittelwert während 3stündiger Einwirkung von 0,035% HCN: 0,2.

Werden die Wurzeln nach derartiger Blausäureeinwirkung wieder in Luft übertragen, so steigt die Wachstumsgeschwindigkeit langsam wieder an, erreicht etwa den ursprünglichen Wert wieder, übersteigt ihn jedenfalls in den nächsten Stunden nach der Begasung nicht. (Vgl. Kurve VIII der Abb. 10, die die Fortsetzung des zweiten oberen Beispiels darstellt. Am nächsten Tag, am 8. VIII. 1929, wurden dann die Wachstumsmessungen an dieser Wurzel fortgesetzt, der Mittelwert aus 12 Ablesungen ergab 0,85, vgl. oben!).

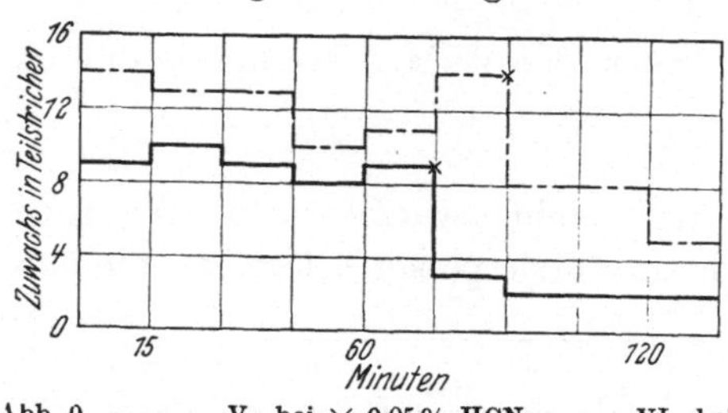

Abb. 9 ——— V, bei × 0,05% HCN, – – – VI, bei × 0,015 % HCN.

Bei 0,05% und 4stündiger Einwirkungszeit ist noch vollständige Erholung möglich, bei stärkeren Dosen nicht mehr. Stärkere Konzentrationen als 0,2% sistieren das Wachstum sofort vollständig und schädigen die Wurzel irreversibel. Geringere Konzentrationen von 0,005% an abwärts beeinflussen das Wachstum innerhalb kurzer Zeiten nicht mehr meßbar, weder verlangsamen, noch beschleunigen sie es (vgl. Kurve IX der Abb. 10). Die Wachstumshemmung nimmt also mit abnehmender Konzentration stetig ab, ohne daß sich dazwischen ein Gebiet der Wachstumsförderung einschiebt.

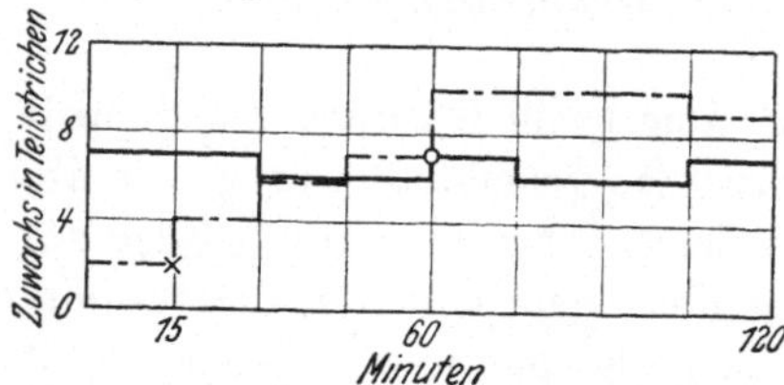

Abb. 10. – – – VIII, bei × in Luft nach $3^3/_4$stündlicher Einwirkung von 0,035% HCN; ——— IX, bei ○ 0,005% HCN.

2. Versuche mit Äther.

Lupinus-Wurzeln, deren Wachstum einige Zeit verfolgt worden war, ohne daß sich größere Schwankungen in der Geschwindigkeit bemerkbar gemacht hatten, wurden einer Ätheratmosphäre ausgesetzt. Den Äther setzte ich tropfenweise aus einer feinen Pipette zu und ließ ihn verdunsten. Da sich im Glas außerdem stets etwas Wasser befand, ist die Ätherkonzentration nur näherungsweise anzugeben.

Bei einer Konzentration von $8{,}5 \cdot 10^{-3}$ g Äther pro 10 ccm Luftraum war ein Anstieg der Zuwachswerte während der ersten 15 Min. zu beobachten (vgl. Kurve X der Abb. 11), ebenso noch bei der doppelten Konzentration (vgl. Kurve XII der Abb. 11). Liest man nach den kürzeren Abständen von 5 Min. ab, so liegt der höchste Zuwachswert während der ersten 5 Min. der Äthereinwirkung (vgl. Kurve XII der Abb. 11 und Kurve XIII der Abb. 12). Dieser Anstieg hält nur kurze Zeit an, dann fällt die Längenzunahme rasch ab, weit unter die des unbeeinflußten Wachstums (vgl. Kurve X, XII der Abb. 11 und Kurve XIII der Abb. 12).

Werden die Wurzeln nach der Äthereinwirkung zurück in Luft gebracht, so setzt eine allmähliche Erholung ein, und die Wachstumsgeschwindigkeit steigt wieder an, wie aus Kurve X und XI der Abb. 11 hervorgeht. Die Angaben sind hier nicht ganz einwandfrei, da die Keimlinge Äther sehr stark speicherten und auch, nachdem mehrere Stunden lang feuchte Luft durch den Glaszylinder mit dem Keimling geleitet worden war, der Geruch des Äthers noch deutlich wahrnehmbar blieb. Immerhin geht so viel daraus hervor, daß diese durch Äther hervorgerufene Wachstumshemmung reversibel ist.

Die gleiche Förderung der Längenzunahme während der ersten Minuten der Einwirkung des Anästhetikums (ebenfalls während der ersten 15 Min.) beschreibt Gain (1925) an Hand von Wachstumsmessungen an Blättern von *Allium* bei Chloroformeinwirkung. Er bezeichnet die Erscheinung als ,,choc anesthésique.‘‘

Diese anfänglich vermehrte Längenzunahme der Wurzeln bei Äthereinwirkung beobachtete ich nur bei relativ starken Konzentrationen, selbst noch deutlich bei solchen, die bereits nach etwa $^1/_2$stündiger Einwirkungszeit das Wachstum vollständig zum Stillstand brachten (vgl. Kurve XIV der Abb. 13). Schwächere Konzentrationen, z. B. $5 \cdot 10^{-3}$ g Äther pro 10 ccm Luftraum, riefen diese anfänglich vermehrte Längenzunahme nicht hervor. Die Wachstumsgeschwindigkeit scheint anfänglich wenig beeinflußt, sinkt aber nach einiger Zeit allmählich ab (vgl. Kurve XV und XVI der Abb. 13). Wollte man annehmen, daß die

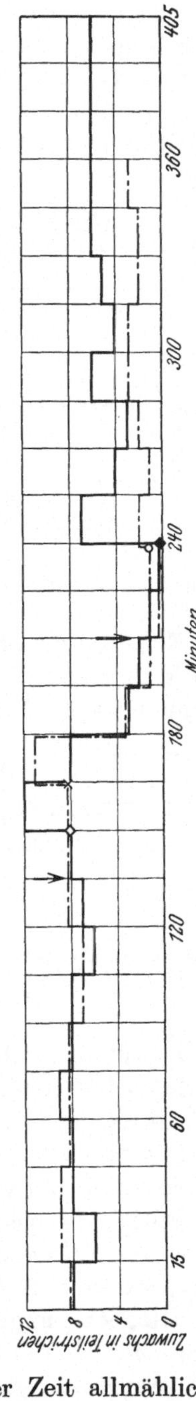

Abb. 11. ——— X, bei ◇ $8{,}5 \cdot 10^{-3}$ g Äther pro 10 ccm Luftraum, bei ◆ zurück in Luft; — — — XII, bei × $17 \cdot 10^{-3}$ g Äther pro 10 ccm Luftraum, bei ○ zurück in Luft.

anfängliche raschere Längenzunahme bei starken Dosen auf langsames Eindringen des Äthers zurückzuführen sei, sodaß also am Anfang eine geringere Dosis zur Wirkung käme (als später), die Wachstumszunahme bedingte, so bleibt unverständlich, warum dieser Effekt nicht wenigstens nach einiger Zeit auftritt, wenn man eine geringere Konzentration bietet.

Mainx (1924) hat Wurzeln von *Pisum* u. a. während kurzer Zeiten einer Äthereinwirkung ausgesetzt und gefunden, daß daraufhin eine deut-

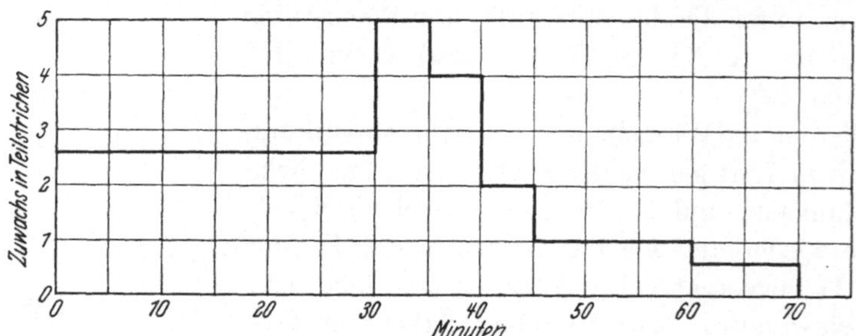

Abb. 12. ——— XIII. Kurve XII der Abb. 11 von ↓ . . . ↓ in Abständen von 5 zu 5 Minuten.

liche Zunahme der Mitosen zu verzeichnen ist. Daß die Mitosenzunahme nach Mainx und die von mir beobachtete gesteigerte Längenzunahme, die nur etwa 15 Min. anhält, einander entsprechende Vorgänge sind,

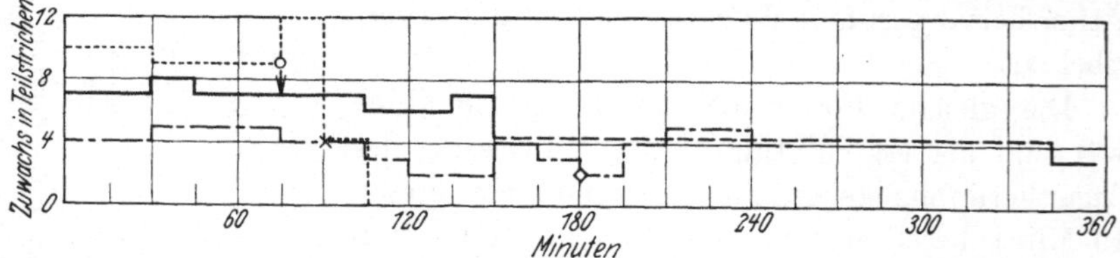

Abb. 13. ······ XIV, bei ○ 25·10⁻³ g Äther pro 10 ccm Luftraum; — — — XV, bei × 5·10⁻³ g Äther pro 10 ccm Luftraum, bei ◇ zurück in Luft; ——— XVI, bei ↓ ~ 5·10⁻³ g Äther pro 10 ccm Luftraum (---- berechneter Mittelwert).

halte ich für ausgeschlossen, um so mehr auch als Mainx angibt, daß die geteilten Zellen zunächst nicht in die Länge wachsen.

Da diese gesteigerte Längenzunahme bei starken Ätherdosen nicht auf der anfänglichen Wirkung geringer Narkotikummengen (vgl. oben!) beruhen kann und so schnell abflaut, handelt es sich wohl kaum um einen echten Wachstumsvorgang. Man könnte etwa denken an eine Erhöhung der Zellwanddehnbarkeit oder an eine Erhöhung des Turgordrucks, wie sie z. B. Lepeschkin (1911) bei Versuchen an *Spirogyra* aus einer Längenzunahme der Algenfäden bei Äthereinwirkung erschloß. Bei geringen Konzentrationen wäre dann die Turgorsteigerung entsprechend geringer, sie gleicht vielleicht die Wachstumshemmung, die durch den Äther verursacht wird, gerade aus, es ist jedenfalls keine gesteigerte

Längenzunahme zu beobachten. Ich möchte also nicht von einer Wachstumssteigerung bei *Lupinus*-Wurzeln während der Äthereinwirkung sprechen.

In gewissem Gegensatz dazu stehen Versuchsergebnisse von Schroeder (1909), der fand, daß *Avena*-Koleoptilen bei 24stündiger Einwirkung von schwachen Ätherdosen eine Steigerung der Zuwachswerte gegenüber unbehandelten Kontrollen aufwiesen.

Es erhebt sich nun natürlich die Frage, ob eine Wachstumsförderung vielleicht als Nachwirkung der angewandten Mittel auftritt. Hier wäre wieder die bereits oben angeführte Arbeit von Mainx anzuführen, der neben der Vermehrung der Mitosen auch makroskopisch nach 24 Stunden eine gegenüber Kontrollen gesteigerte Längenzunahme der sehr kurze Zeit mit Äther behandelten Wurzeln feststellte, ohne entscheiden zu können, wie diese zustande kommt, ob allein die Vermehrung der Mitosen oder außerdem noch gefördertes Streckungswachstum daran beteiligt sind.

Eigene Versuche wurden an einem anderen Objekt ausgeführt, das sich besonders gut zur Beobachtung von Zellteilungs- und Zellwachstumsvorgängen eignet.

2. Kohlrabiknollen.

Schneidet man beliebig Stücke aus einer Kohlrabiknolle und beläßt sie in nicht zu trockener Atmosphäre, so stellen sich unter der Schnittfläche schon nach etwa 48 Stunden die ersten Teilungen ein. Nach etwa 5 Tagen haben sich meist alle Zellen der obersten Lagen mit wenigen Ausnahmen geteilt, die oberste Zellschicht oft sogar mehrmals. Außerdem stülpen sich die an die Wundfläche angrenzenden Zellen zu meist ungeteilten, oft verzweigten Kallusblasen aus[1]. Eine ausführliche Schilderung dieser Wachstums- und Teilungserscheinungen findet sich in der bekannten Arbeit von Haberlandt (1923). (Außerdem treten häufig intumeszenzartige Wucherungen auf, die bereits Vöchting [1908] beschrieben hat. Sie werden meist einige Zellenlagen tief angelegt und schieben sich dann allmählich bis zur Schnittfläche vor. Sie sind im Habitus „hyperhydrischen Geweben", wie sie Küster beschreibt, sehr ähnlich, doch entstehen sie auch in trockener Luft. Die Bedingungen ihres Auftretens wurden nicht näher studiert.) Haberlandt führt das Auftreten von Zellteilungen unter der Schnittfläche auf die Wirksamkeit von Wundhormonen zurück. Spülte er einen Sektor einer Scheibe aus der Kohlrabiknolle einige Zeit unter dem Strahl der Wasserleitung ab, so fand er in diesem weit weniger Teilungen als in nicht abgespülten Sektoren derselben Scheibe. Eine Wiederholung dieses Haberlandtschen Versuchs ergab bei mir dasselbe Resultat.

---

[1] Nach der Definition am Anfang der Arbeit sind diese Wachstumserscheinungen auch unter den Begriff der Regeneration zu rechnen.

Zu den folgenden Versuchen wurden stets entsprechende Stücke aus derselben etwa 1 cm dicken Scheibe für Versuch und Kontrolle benutzt. Die Stücke wurden mit flambiertem Messer herausgeschnitten und in sterilisierten Petrischalen auf angefeuchtetem Filtrierpapier kultiviert. Je mehrere Petrischalen standen in einer feuchten Kammer in der Nähe des Westfensters eines geheizten Zimmers. Die Zellteilungs- und Zellwachstumsvorgänge wurden dann an Handschnitten untersucht. Die ersten Versuche wurden im Januar angesetzt, zu einer Zeit, zu der das Gewebe noch gut reagierte. Das Teilungsvermögen nahm aber dann gegen Ende des Winters stark ab, und vom April an waren die Kohlrabiknollen zu derartigen Versuchen unbrauchbar.

1. Versuche mit HCN.

Die Begasung wurde auch hier in der oben (bei den *Cardamine*-Versuchen) geschilderten Weise vorgenommen.

Eine Förderung der Zellteilungen nach HCN-Behandlung wurde in keinem Fall beobachtet. Bei starken Dosen z. B. 0,5% HCN bei 16stündiger Einwirkungszeit traten Kallusblasen und Zellteilungen nur noch ganz vereinzelt auf. Die Kontrollen wiesen hier wie auch bei den folgenden Versuchen lebhafte Teilungen und Kallusblasenbildung auf.

Bei Anwendung noch stärkerer Dosen waren die obersten Zellschichten nach einigen Tagen zusammengedrückt und abgestorben. Die Schädigung und Teilungshemmung nach HCN-Behandlung nimmt mit schwächeren Dosen allmählich ab bis zu den Fällen, bei denen überhaupt kein Einfluß mehr festzustellen ist; so war z. B. nach der Einwirkung von 0,18% HCN bei 5stündiger Versuchszeit noch eine schwache Hemmung der Teilungserscheinungen bemerkbar, während nach einer Begasung mit 0,06% HCN bei 4stündiger Einwirkungszeit oder mit 0,03% bei 16stündiger Einwirkungszeit kein Unterschied zwischen Versuch und Kontrolle mehr feststellbar war.

2. Versuche mit Äther.

Setzt man das Gewebe der Kohlrabiknolle starken Ätherdosen aus, z. B. 0,8 ccm Äther pro Liter Luft bei 17stündiger Einwirkungsdauer, so werden die Zellen geschädigt. Will man einen Schnitt aus solchen Stücken herstellen, so zerfällt das Gewebe in einzelne Gruppen von wenigen Zellen. Wie diese Erscheinung zustande kommt, ist unbekannt. Man könnte etwa an eine Schädigung der Mittellamelle denken. Vielleicht hat Richter (1908) ähnliches beobachtet, wenn er von einer „künstlichen Mazeration bei lebendigem Leibe" an Kartoffeln nach Narkotikumeinwirkung berichtet. Er führt die Erscheinung auf eine durch die Narkotika hervorgerufene Turgorsteigerung zurück.

Bei schwächeren Ätherdosen, z. B. 0,8 ccm Äther pro Liter Luftraum bei 2stündiger Einwirkungszeit bei 22° C wurde eine Förderung der Zellteilungen sowohl auf abgespülten als auch auf nicht abgespülten

Sektoren beobachtet. Dieser Befund gilt jedoch nur für jüngere Zellen aus der oberen Region der Knolle. An älteren Zellen war eine zellteilungsfördernde Wirkung einer Ätherbehandlung nicht mehr feststellbar.

Beispiel: Begast am 22. I. 1930 mit 0,8 ccm Äther pro l Luftraum.
Einwirkungszeit: 2 Stunden. 22° C.
Untersucht am 27. I. 1930.

Kontrolle: a) Abgespülter Sektor. Innere Markpartie. Zellteilungen in der 1. bis 2. Schicht. In der 1. Schicht nicht alle Zellen geteilt; in der 2. Schicht nur spärliche Teilungen.

b) Nicht abgespülter Sektor. Innere Markpartie. Zellteilungen bis in die 3. Schicht häufig, wenn auch nicht jede Zelle geteilt. An manchen Stellen auch noch 4. und 5. Schicht geteilt.

Versuch: a) Abgespülter Sektor. Innere Markpartie. In der ersten Zellschicht jede Zelle geteilt, oft die Zellen langgestreckt. Zellteilungen vereinzelt bis zur 5. Schicht.

b) Nicht abgespülter Sektor. Innere Markpartie. 1. Zellschicht langgestreckt, jede Zelle geteilt, oft zweimal geteilt. Bis in die 5. Schicht fast jede Zelle geteilt.

Bereits 1903 sind ähnliche Versuche von OLUFSEN an Kartoffelknollen ausgeführt worden. OLUFSEN fand keine Förderung der Wundperidermbildung nach Äthereinwirkung; da aber seine kürzeste Einwirkungsdauer 48 Stunden beträgt, sind seine Befunde mit den meinen nicht ohne weiteres zu vergleichen.

3. Versuche mit Warmbad- und Vakuumbehandlung.

Durch eine Warmbadbehandlung bei einer Wassertemperatur von über 30° C wird das Gewebe bereits geschädigt, Zellteilungen treten in den behandelten Stücken viel seltener auf als in den Kontrollen oder bleiben vollständig aus. Auch bei Temperaturen unter 30° C wurde keine Förderung der Zellteilungsvorgänge beobachtet, vielmehr auch hier noch in manchen Fällen eine Hemmung, z. B. nach einem 16stündigen Bad bei 27—29° C. Bei kürzeren Einwirkungszeiten und noch niedereren Temperaturen war kein Unterschied zwischen Versuch und Kontrolle festzustellen.

Man könnte vielleicht annehmen, daß hier eine spezifische Wirkung des Wassers auf die offene Wundfläche vorliegt, die die Erscheinung kompliziert, daß es sich etwa im Sinne der HABERLANDTschen Hypothese in Analogie zu den Abspülungsversuchen um ein Abdiffundieren der Wundhormone bei dem mehrstündigen Aufenthalt im Wasser handelt, sodaß eine eventuell vorhandene teilungsfördernde Wirkung des Warmbades nicht in Erscheinung treten kann.

Kohlrabistücke wurden deshalb einer Vakuumbehandlung in feuchter Luft bei erhöhter Temperatur ausgesetzt, die nach den Untersuchungen BORESCHS ein Warmbad in Hinsicht auf die frühtreibende Wirkung vollständig ersetzen kann.

Doch auch nach der Vakuumbehandlung fand ich in keinem Fall eine

Förderung der Zellteilungen: entweder wurde das Gewebe durch zu hohe Temperaturen oder zu lange Einwirkungszeiten geschädigt, oder es war kein Unterschied gegenüber den Kontrollen festzustellen; z. B. bei einer 7stündigen Behandlung bei 29° C bei einem Druck von 30 mm Hg.

Zusammengefaßt ergibt sich, daß HCN-, Warmbad- und Vakuumbehandlung die nach Wundsetzung auftretenden Teilungen an Kohlrabiknollen nicht fördern, während eine kurze Ätherbehandlung bei jüngeren Zellen aus der oberen Region der Knolle die Zellteilungen beschleunigen kann. Es zeigt sich also, daß Blausäure, die als das energischste Frühtreibmittel bezeichnet wird und auch in meinen Versuchen entwicklungsanregend wirkte, bereits eingeleitete Teilungen nicht fördert. Obwohl dem Äther eine solche fördernde Wirkung, wenn auch in geringem Maße zuzukommen scheint, — wie auch aus den bereits mehrfach erwähnten Untersuchungen von Mainx hervorgeht —, so möchte ich doch annehmen, daß diese Wirkungsweise nicht identisch ist mit der durch Ätherbehandlung hervorgerufenen Entwicklungsanregung (vgl. auch Winterstein S. 138). In einer Wachstumsanregung sehe ich nicht den ersten Schritt einer Wachstumsförderung, sondern einen prinzipiell anderen Eingriff in das Zellenleben. Diese Unterscheidung deckt sich etwa mit Gurwitschs (1926) Gliederung der organismusfremden Teilungsimpulse in „Veranlassungs- und Stimulationsfaktoren".

III. Besprechung der Versuchsergebnisse.

Überschaut man die geschilderten Ergebnisse über experimentell hervorgerufene Entwicklungsauslösung an regenerationsfähigen Pflanzen, so soll zunächst noch einmal klar hervorgehoben werden, daß für alle bearbeiteten Pflanzen gilt, daß die Aufhebung des Zusammenhanges zwischen tätigem Vegetationspunkt und dem zur Regeneration befähigten Organ neue Entwicklung hervorrufen kann.

Bei einigen Pflanzen läßt sich diese neue Entwicklung auch allein durch Stimulantia in die Wege leiten, während bei anderen Pflanzen alle Bemühungen erfolglos blieben, Adventivbildungen an Teilen hervorzurufen, die sich noch im Zusammenhang mit den wachsenden Meristemen befanden. Und zwar können im ersteren Fall verschiedenartige Stimulantia dieselbe Wirkung haben, während im zweiten Fall mit keinem einzigen der angewendeten Verfahren Erfolg erzielt wurde. Sucht man nach einer Erklärung dieses Befundes, so fällt ein tiefgreifender Unterschied zwischen beiden Gruppen unmittelbar auf. Bei *Cardamine* und *Bryophyllum*, die die erste Gruppe ausmachen, sind vorgebildete Knospen auf den Blättern als Ausgangsmaterial der Regenerate vorhanden. In den übrigen Fällen fehlen Meristeme in diesem Sinn. Bei *Begonia* entstehen die Neubildungen aus Epidermiszellen, die Dauerzellen sind; bei *Solanum Lycopersicum* fehlen ebenfalls meristematische

Elemente an der Blattmittelrippe. Bei *Marchantia* könnte man noch allenfalls im Zweifel sein, ob man die ventrale Rindenschicht des Mittelnerven als meristematisch bezeichnen sollte. Zweifellos setzt sie sich aus jugendlicheren Elementen zusammen als z. B. die Parenchymzellen sind; man wird ihnen vielleicht am besten eine Mittelstellung zwischen echten Meristemen und Dauerzellen einräumen. Es lag also der Gedanke nahe, daß das Alter der Zellen, von denen die neu einsetzende Entwicklung ihren Ausgang nimmt, von Bedeutung ist für die so verschiedenen Stimulationserfolge. Nur bereits angelegte Knospen ließen sich bei ungestörtem Zusammenhang mit der Mutterpflanze zu neuer Entwicklung anregen. Die an den Eingang der Arbeit gestellte Überlegung, daß vegetative Fortpflanzung bei ein und derselben Pflanze in manchen Fällen zugleich Restitution sein kann, in anderen Fällen hingegen nicht, bezieht sich nach den von mir untersuchten Pflanzen demnach nur auf Neuentfaltungsvorgänge im Sinne von Jost (1923). Anders liegen die Verhältnisse in den Fällen, die Jost als Neubildung bezeichnet; hier scheinen Wachstumsvorgänge, die zur Reproduktion neuer Individuen führen, nur als echte Restitution möglich zu sein.

Dabei ist nicht zu entscheiden, ob die Zellen in dem einen Fall auf die Stimulantia besser ansprechen auf Grund ihrer embryonalen Beschaffenheit oder deshalb, weil die korrelativen Beziehungen zwischen Vegetationspunkt und embryonalen Zellen besonders lose sind. Es wäre auch möglich, daß der Unterschied darin zu sehen ist, daß der erste Schritt einer vegetativen Fortpflanzung ausgehend von Dauerzellen eine Furchung ist, die im anderen Fall fehlt. Mit anderen Worten, das eine Mal muß der Ruhezustand embryonalen Gewebes überwunden werden, eine bestimmte geeignete Beschaffenheit des Gewebes liegt schon vor, während im anderen Fall erst diese besondere Beschaffenheit des Gewebes hergestellt werden muß.

Mit diesen Gedanken stimmt gut überein, daß das riesige Material der in der Literatur vorliegenden Stimulationserfahrungen bei der Samenstimulation, beim Frühtreiben und bei der Stimulation ruhender Knollen und Zwiebeln gewonnen wurde, d. h. bei der Entwicklungsanregung embryonalen Gewebes. Auch die neuesten Versuche Kakesitas über die Förderung von Regenerationserscheinungen an isolierten Stammstücken von *Populus nigra* durch Warmbad-, H_2- und Vakuumbehandlung reihen sich zwanglos hier ein, denn auch dabei handelt es sich um das Austreiben angelegter Knospen.

Stimulationswirkungen sind nur feststellbar, wenn das betreffende Organ irgendwie am Austreiben gehindert ist. Knospen der Holzgewächse sind nur während ihrer Ruheperiode treibbar und die Knospen an den Blättern höherer Pflanzen, wenn sie korrelativ am Austreiben gehemmt werden; auch Samen machen in vielen Fällen eine Art Ruheperiode durch. Nach Ablauf der Ruheperiode wirken die Frühtreibmittel nicht mehr, im Gegenteil sie schädigen häufig; ebenso vermögen sie die Entwicklung angelegter Knospen nicht mehr zu fördern, wenn die Korrelationshemmung entfernt worden ist, d. h. wenn das knospentragende Blatt isoliert worden ist (vgl. oben).

Wo in der Literatur über eine durch äußere Agenzien bewirkte Teilungsanregung von Dauerzellen berichtet wird, da handelt es sich entweder um Wundkorkteilung oder um einige wenige Teilungen, wie z. B. bei den Plasmolyseversuchen HABERLANDTs und PFEIFFERs und bei den Versuchen WINKLERs (1902) mit isolierten Wurzelparenchymzellen, die nach Darbietung von $CoSO_4$ bis zu drei Teilungen durchmachten, oder endlich um die Entstehung von Wucherungen und Tumoren; aber nicht um eine durch Stimulantia ausgelöste echte Furchung, die zur Bildung neuer Individuen führt. (Wenn NAGAI nach Plasmolyse aus Farnprothallienzellen Adventivprothallien entstehen sieht, so muß man bedenken, daß die Prothallienzellen selbst noch jugendliche Zellen sind.) Als einzige Ausnahme ist mir die Angabe RIEHMs bekannt, daß durch Behandlung mit verdünnten Lösungen von $CuSO_4$, Sublimat, schwefelsaurem Chinin und Koffein auf der Spreite isolierter *Cardamine*-Blätter stets außer den Adventivbildungen an der Basis auch solche an anderen Orten der Spreite zu erzielen waren. In Anbetracht des unregelmäßigen Auftretens von embryonalen oder Dauerzellen über den Nervengabelungsstellen der *Cardamine*-Blätter (vgl. oben) scheint mir jedoch noch nicht festzustehen, daß diese vermehrt auftretenden Regenerate wirklich aus Dauerzellen hervorgegangen sind, wie RIEHM annimmt. Könnte man den Vorgang der Furchung einhalten im Moment, wo innerhalb der alten Zellen embryonale Zellen entstanden sind, bevor diese beginnen weiterzuwachsen, und dann mit den erwähnten Frühtreibmitteln herangehen, so zweifle ich nicht, daß man Erfolge erzielen müßte; jedoch der erste Vorgang der Bildung meristematischer Elemente aus den alten Zellen ist vorläufig noch unseren Eingriffen entzogen.

Es erhebt sich nun weiter natürlich die Frage nach der Wirkungsweise der angewandten Stimulantia. Da dieselben Mittel beim Frühtreiben und bei der Samenstimulation mit Erfolg benutzt wurden, hat man bei diesen Gelegenheiten bereits versucht, ein gemeinsames Merkmal der verschiedenen Stimulationswirkungen ausfindig zu machen, und es fehlt nicht an den verschiedensten Erklärungsversuchen. Ältere Anschauungen finden sich bei NIETHAMMER (1928d) zusammengestellt. WEBER (1916) überinmmt eine Anregung von NABOKICH und spricht die Vermutung aus, daß die Wirkung gewisser Frühtreibmittel (CO_2, Warmbad, N_2 u. a.) auf vorübergehender Hemmung der Sauerstoffatmung bei gleichzeitig fortdauernder anoxydativer Spaltung beruhe. Als wichtigstes Moment sieht er dabei die Anhäufung von Intermediärprodukten der intramolekularen Atmung an, die stimulierend auf das Wachstum einwirken und so den Austritt aus der Ruhe beschleunigen. Als zweite Möglichkeit erwähnt und verwirft er, daß sich leicht oxydables Material während der Anaërobiose anhäuft und dann nach Abschluß der Behandlung eine Oxydationssteigerung hervorruft, die das wesentlich Stimulierende ist. BORESCH (1924—1928) baute auf dieser Hypothese WEBERS weiter. Auf Grund seiner Untersuchungen über die frühtreibende Wirkung des Warmbades nahm er an, daß in den warmgebadeten Knospen infolge der Sauerstoffnot Stoffwechselprodukte der anaëroben Atmung entstehen, die als chemische Reizstoffe für das frühe Austreiben fungieren. Später gelang es ihm, die erwarteten unvollständig oxydierten Produkte in Gestalt von Azetaldehyd und Alkohol in warmgebadeten Haselnußkätzchen direkt nachzuweisen. Eine weitere Stütze erwuchs dieser Anschauung daraus, daß sich die Knospen durch Behandlung mit Azetaldehyd und Alkohol oder durch Injektion von azetaldehydbildenden Stoffen (z. B. Methylglyoxal, Brenztraubensäure usw.) zum vorzeitigen Austreiben anregen ließen. Weiter zeigte dann NIETHAMMER (1928 a, b), daß sich auch die Samenkeimung bei vielen Pflanzen durch Azetaldehyddämpfe stimulieren läßt, und daß nach Warmbadbehandlung — die ebenfalls die Keimung beschleunigt — eine Zunahme des Azetaldehydgehaltes der Samen festzustellen ist. KAKESITA schließt direkt an die Untersuchungen BORESCHS an. Es gelang ihm, festsitzende Blätter von *Bryophyllum calycinum* durch Injektion von Azetaldehyd, Brenztraubensäure, Äthylalkohol und Azeton zur Entwicklung ihrer blattbürtigen Knospen anzuregen. In seiner neuesten Veröffentlichung — die mir leider erst nach Abschluß des praktischen Teils meiner Arbeit bekannt wurde — konnte er zeigen, daß in festsitzenden Blättern von *Bryophyllum calycinum* sowohl nach Warmbadbehandlung als auch nach einem Aufenthalt in H_2-Atmosphäre eine beträchtliche Erhöhung des Azetaldehyd- und Alkoholgehalts eintritt. Dieser Befund gewinnt vor allem dadurch an Bedeutung, daß eine derartige Zunahme von Azetaldehyd und Alkohol auch in abgeschnittenen Blättern in den ersten Tagen nach der Isolation nachgewiesen werden konnte. Weiter führte KAKESITA p_H-Bestimmungen, titrimetrische Aziditätsbestimmungen und Messungen des abgegebenen CO_2 aus und kommt zu sehr interessanten Übereinstimmungen von Änderungen dieser drei Größen nach Behandlung der festsitzenden Blätter mit Warmbad oder H_2 oder nach Isolation der Blätter. Übereinstimmend treten nach allen drei entwicklungsauslösenden Eingriffen eine Verminderung der CO_2-Abgabe und ganz ähnliche Aziditätsänderungen ein, wobei Beziehungen zwischen den Schwankungen der Azidität und der CO_2-Abgabe in der Art, daß eine Abnahme der CO_2-Produktion einer Azititätszunahme entspricht, wahrscheinlich gemacht werden können. Er kommt so zu dem Schluß: ,,Occurrence of regeneration[1] in both the attached and the isolated leaf of this plant seems to be connected with the products of intramolecular respiration.“

Diese Befunde, die übereinstimmend auf ganz verschiedenen Gebieten gewonnen wurden, lassen klar erkennen, daß der Bildung oder künstlichen Zuführung von Intermediärprodukten der intramolekularen Atmung große Bedeutung für die Einleitung neuer Entwicklung zukommt.

Es fragt sich nun weiter, ob jede künstliche oder natürliche Entwicklungsanregung auf die Wirkung von Gärungsprodukten zurückzuführen ist, z. B. auch diejenige durch Blausäurebegasung. Blausäure ist schon lange als starkes Atmungsgift bekannt. In neuerer Zeit ist die Beeinflussung des Energiestoffwechsels durch Cyanid besonders von O. Warburg (1928) in exakter Weise bearbeitet worden. Warburg stellte fest, daß die rein oxydative Phase des Betriebsstoffwechsels viel empfindlicher gegen HCN ist als die anoxydative Spaltung, daß z. B. bei einer Konzentration von 10^{-4} Mol. pro Liter die Atmung der Hefezellen vollständig unterdrückt wird, während die Gärung erst bei einer Konzentration von 10^{-2} Mol. pro Liter um 40—90% gehemmt wird. Dieses Ergebnis wird von Tamiya (1928) und anderen Forschern bestätigt. Genevois (1927) ist der erste und bisher einzige, der exakt manometrische Untersuchungen der Beeinflussung des Energiestoffwechsels von Teilen höherer Pflanzen durch Blausäure ausgeführt hat. Er kommt zu dem Ergebnis, daß bei einer bestimmten niedrigen Konzentration von HCN zunächst die Pasteursche Reaktion gehemmt wird und zwar stärker als die Atmung selbst. Bei stärkeren Konzentrationen tritt dann die Hemmung der Pasteurschen Reaktion nicht mehr in Erscheinung, weil die Atmungshemmung größer ist. Die stärkste von ihm angewandte HCN-Kontration ist 10^{-3} n (= 0,002%), eine Gärungshemmung wird in seinen Versuchen nicht beobachtet.

Es wäre also sehr wohl denkbar, daß auch bei meinen Stimulationsversuchen und beim Frühtreiben durch Begasung mit Blausäure eine quantitativ verschiedene Beeinflussung der rein oxydativen und der oxydoreduktiven Phase der Atmung, und zwar eine Verschiebung zu gunsten der Gärung ausschlaggebend ist. Interessant ist hier, daß Genevois für pflanzliche Keimlinge (d. h. embryonale wachsende Gewebe) bestätigen konnte, daß Atmung und Gärung intensiver sind als bei älteren Pflanzen, und daß mit zunehmendem Alter die Gärungsintensität stärker absinkt als die Atmungsintensität, wie das für tierische embryonale Zellen bereits bekannt war. Demnach bedeutete die Verschiebung des Verhältnisses von Gärung zu rein oxydativer Atmung nach der Seite der Gärung eine Angleichung an den Stoffwechsel wachsenden embryonalen Gewebes.

---

[1] Auch hier Übertragung des Begriffs „Regeneration“ auf den Vorgang in jedem Fall. Im strengen Sinne liegt Regeneration nur im zweiten Fall vor.

Nun ist aber auffällig, daß sowohl beim Frühtreiben als auch bei meinen Versuchen relativ hohe Konzentrationen von HCN, jedenfalls viel stärkere als in GENEVOIS' Versuchen nötig waren, um einen Effekt hervorzubringen. Schon diese Tatsache legt die Vermutung nahe, daß neben der Atmungshemmung auch eine Gärungshemmung zu erwarten sein wird; weiter spricht dafür der Befund von BORESCH, daß sich in Haselnußkätzchen, die mit frühtreibenden Konzentrationen von HCN begast worden waren, kein Alkohol und Azetaldehyd nachweisen ließ.

Eigene Atmungsversuche an isolierten Blättern von *Cardamine pratensis* nach der manometrischen Methode mit Hilfe der von ULLRICH und RUHLAND beschriebenen Mikrorespirationsapparatur ergaben, daß die CO_2-Abgabe in N_2 bei den für die Treibversuche angewendeten Konzentrationen von HCN bereits wesentlich gehemmt wird.

	Kontrolle	Versuch
Z. B. Mittelwert aus 4 Ablesungen nach je 15 Min.	138,9	116,4

darauf im Versuchsgefäß aus 0,1 mol. H_2SO_4 und KCN-Lösung 0,25% HCN entwickelt. Nach dem Druckausgleich weitere Ablesungen:

	Kontrolle	Versuch
	125	114
	152	21,5
	127	8
	144	11
Mittelwert:	137	

Jedoch möchte ich auf diese Versuche nicht allzuviel Wert legen, da sie aus technischen Gründen an abgetrennten Blättern durchgeführt werden mußten, obgleich zu den Stimulationsversuchen ganze Pflanzen benutzt wurden und aus den neuesten Versuchen KAKESITAs hervorgeht, daß bereits die Isolierung der Blätter tiefgreifende Veränderungen ihres Stoffwechsels hervorruft. Auf die direkte Messung der Atmungsintensität während der Einwirkung von HCN mußte verzichtet werden, da sich die Apparatur nicht dafür eignete. Nach dem Vorausgehenden halte ich es für selbstverständlich, daß eine Atmungshemmung vorlag.

Ob demnach eine Änderung des Verhältnisses von Atmungs- zu Gärungsintensität der entwicklungsanregende Faktor bei der Blausäurebehandlung ist, läßt sich bis heute noch nicht entscheiden.

Ähnlich liegen die Verhältnisse in Bezug auf die entwicklungsanregende Wirkung der Narkotika. Auch über die Beeinflussung des Energiestoffwechsels der Zelle durch Narkotika verdanken wir WARBURG und seinen Mitarbeitern die wichtigsten neueren Ergebnisse. Es ist auffällig, daß es sich wieder um Stoffe handelt, die stark atmungs- und gärungshemmend wirken, und daß wieder die Atmung der empfindlichere Vorgang ist. Auch hier spricht der Befund BORESCHS, daß sich in den mit Äther begasten Haselnußkätzchen keine Anhäufung von Azetaldehyd und Alkohol nachweisen ließ, gegen die Annahme, daß eine Veränderung des Energiestoffwechsels im Sinne einer Förderung der reinen Spaltungsvorgänge (Gärung) gegenüber oxydativen Teilvorgängen das primär entwicklungsanregende Moment sei.

Daneben sind die physikalisch-chemischen Eigenschaften der Narkotika zur Erklärung ihrer teilungsfördernden Wirkung herangezogen worden. Mainx versucht z. B. die von ihm beobachtete mitosenfördernde Wirkung des Äthers zu seiner Oberflächenaktivität in Beziehung zu setzen. Auch andere Forscher, z. B. Bauer (1924) und Traube (1929), sehen Beziehungen zwischen Oberflächenspannungserniedrigung und Wachstums- und Zellteilungsanregung oder -beschleunigung. Was die Wachstumsanregung betrifft, so ist in Bezug auf meine Versuche einmal zu betonen, daß die Oberflächenspannung des Plasmas lebender Zellen und infolgedessen auch ihre Änderung bis heute noch nicht gemessen worden sind, und daß zum anderen diese (an anderen Medien als dem Plasma gefundene) Oberflächenspannungsverminderung den anderen mit Erfolg angewendeten Mitteln wie HCN, Warmbad usw. nicht zukommt. Es spricht deshalb wenig dafür, die entwicklungsanregende Wirkung der Narkotika auf ihre Oberflächenaktivität zurückzuführen.

Ganz kurz sei noch erwähnt, daß von Weber eine Permeabilitätssteigerung als bedeutsam für die Wirkung gewisser Frühtreibmittel angesehen worden ist. Unsere Kenntnisse über die Beeinflussung der Permeabilität durch HCN z. B. sind aber heute noch keineswegs gesichert. Krehan (1914) fand nach der plasmolytischen Methode für die meisten der von ihm untersuchten Stoffe eine reversible Permeabilitätserhöhung während der Einwirkung von verdünnten Lösungen von KCN auf Epidermiszellen von *Tradescantia discolor*; während Osterhout (1917) durch Widerstandsmessungen nur in einigen Fällen anfänglich eine Permeabilitätserhöhung, im übrigen aber stets Permeabilitätserniedrigungen bei KCN-Einwirkung an *Laminaria* feststellte. In Bezug auf die Permeabilitätsveränderungen durch Narkotika weisen die meisten neueren Versuchsergebnisse sogar auf eine Permeabilitätsverminderung während der Narkose hin (vgl. Winterstein S. 375 ff. und Gellhorn S. 183 ff.), aber auch hier fehlt es nicht an widersprechenden Angaben (vgl. z. B. Höfler u. Weber 1926). Man wird also warten müssen bis exakteres und umfangreicheres Erfahrungsmaterial vorliegt, ehe man zu einer derartigen Vermutung endgültig Stellung nehmen kann.

Wenn man bedenkt, ein wie kompliziertes System eine lebende Zelle darstellt, so ist es ohne weiteres einleuchtend, daß neben dem Betriebsstoffwechsel auch andere Zellfunktionen und damit Zustandsgrößen der Zelle durch die Stimulantia beeinflußt und in andere Bahnen gelenkt werden müssen (z. B. der Quellungszustand und die Viskosität des Plasmas, p_H und osmotischer Wert des Zellsaftes usw.). Viel Arbeit ist noch nötig, um einige Klarheit darüber zu gewinnen, was hier primäre Wirkung der Stimulantia und was sekundäre Begleiterscheinung ist. Vieles weist uns heute darauf hin, daß der hemmende Eingriff in den Betriebsstoffwechsel von primärer Bedeutung für die entwicklungsanregende Wirksamkeit der Stimulantia ist.

IV. Zusammenfassung.

Blätter von *Cardamine pratensis* bilden Adventivwurzeln und -sprosse, wenn sie von der Mutterpflanze abgetrennt werden, oder wenn im Frühjahr alle Achselknospen der Pflanze entfernt und der Blütenstand abgeschnitten werden. In beiden Fällen handelt es sich um echte Regenerationserscheinungen im Sinne GOEBELS.

Die Entwicklung der Blattknospen von *Cardamine pratensis* läßt sich auch in die Wege leiten dadurch, daß man festgewachsene Blätter in Wasser taucht oder die ganze Pflanze in wasserdampfgesättigte Atmosphäre bringt. Daraus geht hervor, daß dieselben Wachstumserscheinungen, die einmal als echte Regeneration bezeichnet werden müssen, nicht nur nach Abtrennung oder Ausschaltung von Pflanzenteilen auftreten, sondern auch noch durch andersartige Faktoren ausgelöst werden können.

Festsitzende Blätter von *Cardamine pratensis* lassen sich durch eine Warmbadbehandlung und durch eine Begasung mit Blausäure, Äther Chloroform, Dichloräthylen und Wasserstoff zur Entwicklung von Adventivbildungen anregen. Schwefelwasserstoff bleibt unwirksam.

Für *Bryophyllum crenatum* gilt dasselbe wie für *Cardamine pratensis*, Adventivbildungen an den Blättern treten auf nach Aufhebung des Zusammenhanges zwischen Blatt und tätigem Vegetationspunkt und nach direkter Einwirkung auf das Blatt (feuchte Atmosphäre, Impfung mit *Bact. tumefaciens*, SMITH 1921).

Isolierte Blätter von *Cardamine pratensis* regenerieren so rasch und lebhaft, daß eine Stimulation des Regenerationsvorganges durch diese Mittel nicht festgestellt werden konnte; dasselbe gilt für isolierte Blätter von *Bryophyllum crenatum.*

Festsitzende Blätter von *Bryophyllum crenatum* lassen sich durch Behandlung mit HCN und Warmbad (vielleicht auch mit Wasserstoff) zur Entwicklung von Adventivbildungen anregen; dagegen verliefen Behandlungen mit Äther und Chloroform und Injektionen von Glutathionlösung wirkungslos.

An isolierten Blättern von *Begonia Rex* läßt sich durch Frühtreibmittel keine Beschleunigung oder Vermehrung des Auftretens von Regeneraten herbeiführen.

Die Epidermiszellen über den Blattnerven von *Begonia Rex* können zwei verschiedene Zellteilungsvorgänge durchlaufen, für die verschiedene Auslösungsfaktoren angenommen werden, entsprechend den Teilungsprodukten: Wundkork und neue Sproßmeristeme.

Die Einwirkung von Radiumstrahlen verhindert bei *Cardamine pratensis*, *Bryophyllum crenatum*, *Begonia Rex* und *Marchantia* das Auftreten von Adventivbildungen an der bestrahlten Stelle und gewährt so Einblick in die korrelativen Abhängigkeiten der einzelnen Teile der Pflanzen untereinander.

Stücke des *Marchantia*-Thallus mit unversehrter Scheitelregion lassen sich durch Frühtreibmittel und durch Plasmolyse mit Hilfe von Rohrzuckerlösung nicht zur Erzeugung von Adventivbildungen veranlassen.

Ebenso konnte an Tomatenpflanzen durch Behandlung mit Frühtreibmitteln keine Bildung von Adventivsprossen hervorgerufen werden.

Die Wachstumsgeschwindigkeit von *Lupinus*-Wurzeln wird während der Einwirkung von HCN oder Äther nicht gesteigert.

Die Zellteilungen, die an der Kohlrabiknolle nach Wundsetzung auftreten, lassen sich an jüngeren Zellen durch eine kurze Ätherbehandlung fördern. Behandlung mit HCN, Warmbad und Vakuum wirkt nicht teilungsfördernd.

Aus den Ergebnissen der Versuche an *Lupinus*-Wurzeln und Kohlrabiknollen, bei denen es sich um die Wirkung entwicklungsanregender Stimulantia auf bereits wachsende Organe handelt, wird geschlossen, daß Wachstumsförderung und Entwicklungsanregung prinzipiell verschiedene Eingriffe in das Zellenleben sind.

Der Gedanke, daß das Alter der Zellen, von denen die neue Entwicklung ihren Ausgang nimmt, von Bedeutung für einen positiven oder negativen Stimulationserfolg mit Hilfe von Frühtreibemitteln ist, wird an Hand der eigenen Versuchsergebnisse und an Hand von Beispielen aus der Literatur erörtert. Angelegte Knospen lassen sich durch Stimulantia zur Entwicklung anregen, während es mit Hilfe dieser Mittel noch nicht gelungen ist, Dauerzellen zur Furchung im Sinne Winklers zu veranlassen.

Als wahrscheinlichste Deutung der entwicklungsanregenden Wirksamkeit der mit Erfolg angewandten Stimulantia wird der hemmende Eingriff in den Betriebsstoffwechsel angenommen.

Diese Arbeit wurde in der Zeit vom Wintersemester 1928/29 bis zum Wintersemester 1930/31 im Botanischen Institut der Universität Leipzig ausgeführt. Meinem verehrten Lehrer, Herrn Prof. Dr. Ruhland, möchte ich für die Anregung zu der Arbeit und ihre ständige Leitung und Förderung auch an dieser Stelle meinen ergebensten Dank aussprechen. Ebenso danke ich Herrn Priv.-Doz. Dr. Ullrich für mannigfache Ratschläge und Anregungen.

Literaturverzeichnis.

1. **Bauer, E.:** Arch. mikrosk. Anat. u. Entw.mechan. **101**, 541 (1924). — 2. **Behre, K.:** Planta **7**, 208 (1929). — 3. **Berge, H.:** Beiträge zur Entwicklungsgeschichte von *Bryophyllum cal.* Diss. Zürich 1877. — 4. **Börger, H.:** Arch. exper. Zellforschg **2**, 123 (1925). — 5. **Boresch, K.:** Biochem. Z. **153**, 313 (1924). — 6. Ebenda **170**, 466 (1926). — 7. Ebenda **202**, 180 (1928). — 8. Z. Krebsforschg **28**, 1 (1929). — 9. **Brandrup, K.:** Naturwiss. **15**, 970 (1927). — 10. **MacCallum:** Bot. Gaz. **40**, 97 (1905). — 11. Ebenda **40**, 241 (1905). — 12. **Child, C. M.:** Die physiologische Isolation von Teilen des Organismus. Vortr. u. Aufs. über Entw.-mechan. d. Organismen (Roux), H. 11. Leipzig 1911. — 13. Protoplasma **5**, 447 (1928). — 14. **Child, C. M.** a. **Bellamy, A. W.:** Bot. Gaz. **70**, 249 (1920). — 15. **Cholodny, N.:** Planta **7**, 461 (1929). — 16. **Denny, F. E.:** Amer. J. Bot. **13**, 118 (1926). — 17. **Denny, F. E.** a. **Stanton, E. N.:** Ebenda **15**, 327 (1928). — 18. **Duchartre, P.:** Ann. des Sci. natur., 3. sér., **19**, 241 (1853). — 19. **Errera, L.:** Bull. Soc. roy. Bot. Belg. **42**, 27 (1905). — 20. **Friederici:** Schr. physik.-ökon. Ges. Königsberg **16**, 36 (1875). — 21. **Gain, E.:** C. r. Soc. Biol. Paris **93**, 763 (1925). — 22. **Gaßner, G.:** Ber. dtsch. bot. Ges. **43**, 132 (1925). — 23. Zellstimulat.forschgn **2**, 1 (1927). — 24. **Gellhorn, E.:** Das Permeabilitätsproblem. Monographien Physiol. **16**. Berlin 1929. — 25. **Genevois, L.:** Biochem. Z. **191**, 147 (1927). — 26. **v. Goebel, K.:** Biol. Zbl. **22**, 385 (1902). — 27. Flora **93**, 98 (1904). — 28. Ebenda Erg.-Bd. **95**, 384 (1905). — 29. Einführung in die experimentelle Morphologie. Leipzig 1908. — 30. Biol. Zbl. **36**, 193 (1916). — 31. **Gratzy-Wardengg, S. A. E.:** Planta **7**, 307 (1929). — 32. **Gurwitsch, A.:** Das Problem der Zellteilung. Monographien Physiol. **2**. Berlin 1926. — 33. **Haberlandt, G.:** Sitzgsber. preuß. Akad. Wiss., Physik.-math. Kl., S. 322. Berlin 1919. — 34. Ebenda, S. 721. Berlin 1919. — 35. Ebenda, S. 323. Berlin 1920. — 36. Ebenda, S. 695. Berlin 1921. — 37. Ebenda, S. 386. Berlin 1922. — 38. Beitr. allg. Bot. **2**, 1 (1923). — 39. **Hansen, A.:** Abh. senckenberg. naturforsch. Ges. **12**, 154 (1880). — 40. **Hammett, F. S.:** Protoplasma **7**, 297 (1929). — 41. **Hartsema, A. M.:** Rec. Trav. bot. néerl. **23**, 305 (1926). — 42. **Hassebrauk, K.:** Angew. Bot. **10**, 407 (1928). — 43. **Hegi, G.:** Illustrierte Flora von Mitteleuropa. München. — 44. **Heidenhain, M.:** Formen und Kräfte in der lebenden Natur. Vortr. u. Aufs. über Entw.-mechan. der Organismen (Roux), H. 32. 1923. — 45. **Höfler, K.** u. **Weber, F.:** Jb. f. wiss. Bot. **65**, 643 (1926). — 46. **Iljin, W. S.:** Planta **7**, 45 (1929). — 47. **Johannsen, W.:** Das Ätherverfahren beim Frühtreiben. Jena 1906. — 48. **Jost, L.:** Benecke-Jost, Pflanzenphysiologie **2**. Jena 1923. — 49. **Kakesita, K.:** Jap. J. of Bot. **4**, 27 (1928). — 50. Ebenda **5**, 219 (1930). — 51. Bot. Mag. **44**, 411 (1930). — 52. **Kießling, L.:** Landw. Jb. Bayern **1**, 449 (1911). — 53. **Klebs, G.:** Willkürliche Entwicklungsänderungen bei Pflanzen. Jena 1903. — 54. **Kreh, W.:** Nova acta, Abh. kgl. Leop.-Carol. dtsch. Akad. d. Naturforschg **90**, 213 (1909). — 55. **Krehan, M.:** Intern. Z. physik.-chem. Biol. **1**, 189 (1914). — 56. **Küster, E.:** Pathologische Pflanzenanatomie. Jena 1925. — 57. **Lepeschkin, W. W.:** Ber. dtsch. bot. Ges. **29**, 349 (1911). — 58. **Linsbauer, K.:** Biol. Zbl. **36**, 117 (1916). — 59. Österr. bot. Z. **73**, 191 (1924). — 60. Fortschr. Röntgenstr. **34**, 25 (1926a). — 61. Ebenda **34**, 265 (1926b). — 62. Biol. Zbl. **46**, 80 (1926c). — 63. **Loeb, J.:** Bot. Gaz. **65**, 150 (1918). — 64. J. gen. Physiol. **4**, 447 (1922). — 65. Ebenda **5**, 831 (1923). — 66. Ebenda **6**, 207 (1924). — 67. **Lutz, L.:** Bull. Soc. bot. France **55**, IV. sér., 8, 568 (1908). — 68. **Magnus:** Sitzgsber. Ges. naturforsch. Freunde Berl. **1873**, 52. — 69. **Mainx, F.:** Zool. Jb. **41**, 553 (1924). — 70. **Miehe, H.:** Das Archiplasma. Jena 1926. — 71. **Molisch, H.:** Sitzgsber. Akad. Wiss. Wien, Math.-naturwiss. Kl. **117**, 87 (1908). — 71a. Ebenda **118**, 637 (1909). — 72. Ebenda **121**, 121 (1912). — 73. Pflanzenphysiologie als Theorie der Gärtnerei. Jena 1922. — 74. **Morgan, T. H.:** Bull.

Torrey bot. Club **30**, 206 (1903). — 75. Regeneration. Leipzig 1907. — 76. **Müller-Thurgau, H.:** Flora, N. F. **4**, 387 (1911/12). — 77. **Münch, E.:** Die Stoffbewegungen in der Pflanze. Jena 1930. — 78. **Nagai, I.:** Flora, N. F. **6**, 281 (1914). — 79. **Naumburg, J. S.:** Arch. f. Bot. (herausgeg. von Römer) **2**, 14 (1799). — 80. **Negelein, E.:** Biochem. Z. **165**, 203 (1925). — 81. **Nielsen, N.:** Jb. f. wiss. Bot. **73**, 125 (1930). — 82. **Niethammer, A.:** Ebenda **67**, 223 (1928 a). — 83. Biochem. Z. **197**, 245 (1928 b). — 84. Biol. generalis **4**, 259 (1928 c). — 85. Ebenda **4**, 655 (1928 d). — 86. **Noack, K.:** Z. f. Bot. **17**, 481 (1925). — 87. **Olufsen, L.:** Beih. Bot. Zbl. **15**, 269 (1903). — 88. **Ossenbeck, C.:** Flora **122**, 342 (1927). — 89. **Osterhout, W. J. V.:** Bot. Gaz. **63**, 77 (1917). — 90. **Paal, A.:** Jb. f. wiss. Bot. **58**, 406 (1919). — 91. **Penzig, O.:** Pflanzenteratologie. Berlin 1921. — 92. **Pfeiffer, H.:** Protoplasma **10**, 253 (1930). — 93. **Plett, W.:** Untersuchungen über die Regenerationserscheinungen an Internodien. Diss. Hamburg 1921. — 94. **Reed, E.:** Bot. Gaz. **75**, 113 (1923). — 95. **Regel, F.:** Jena. Z. Naturwiss. **10**, 447 (1876). — 96. **Reiche, H.:** Z. f. Bot. **16**, 241 (1924). — 97. **Richter, O.:** Lotos, Naturwiss. Z. Prag **56**, 106 (1908). — 98. **Riehm, E.:** Z. f. Naturwiss. **77**, 311. Stuttgart 1904. — 99. **Sachs, J.:** Ges. Abh. über Pflanzenphysiol. **2**. Leipzig 1893. — 100. **Sandt, W.:** Zur Kenntnis der Beiknospen. Bot. Abh. (Goebel) **1925**, H. 7. — 101. **Scheitterer, H.:** Protoplasma **10**, 289 (1930). — 102. **Schostakowitsch, W.:** Flora **79**, 350 (1894). — 103. **Schroeder, H.:** Flora **99**, 156 (1909). — 104. **Sharpe, M. J.:** Protoplasma **10**, 251 (1930). — 105. **Simon, S. V.:** Z. f. Bot. **12**, 593 (1920). — 106. **Smith, E. F.:** J. agricult. Res. **21**, 593 (1921). — 107. **Stanton, E. N.** a. **Denny, F. E.:** Prof. Paper (Boyce Thompson Inst. Plant Res. **10** [1929]). — 108. **Stark, P.:** Erg. Biol. **2**, 1 (1927). — 109. **Stoklasa, J.:** Beitr. Biol. Pflanzen **18**, 185 (1930). — 110. **Tamiya, H.:** Acta phytochim. **4**, 227 (1928). — 111. **Traube, J.:** Z. Krebsforschg **28**, 356 (1929). — 112. **Ungerer, E.:** Die Regulationen der Pflanze. Monographien Physiol. **10**. Berlin 1926. — 113. **Ullrich, H.** u. **Ruhland, W.:** Planta **5**, 360 (1928). — 114. **Ursprung, A.** u. **Blum, G.:** Ber. dtsch. bot. Ges. **34**, 88 (1916). — 115. Ebenda **36**, 599 (1918). — 116. **Vöchting, H.:** Jb. f. wiss. Bot. **16**, 367 (1885). — 117. Untersuchungen zur experimentellen Anatomie und Pathologie des Pflanzenkörpers. Tübingen 1908. — 118. **Wakker, J. H.:** Onderzoekingen over adventieve Knoppen. Acad. Proefschr. Amsterdam 1885. — 119. **Warburg, O.:** Biochem. Z. **100**, 230 (1919). — 120. Ebenda **165**, 196 (1925). — 121. Über die katalytischen Wirkungen der lebendigen Substanz. Berlin 1928. — 122. **Weber, F.:** Sitzgsber. Akad. Wiss. Wien, Math.-naturwiss. Kl., Abt. I, **125**, 189 (1916). — 123. Ebenda **127**, 57 (1918). — 124. Ber. dtsch. bot. Ges. **40**, 148 (1922). — 125. Handbuch der biologischen Arbeitsmethoden (Abderhalden) Abt. XI, Teil 2, 391. 1924. — 126. **Wehnelt, B.:** Jb. f. wiss. Bot. **66**, 773 (1927). — 127. **Went, F. W.:** Rec. Trav. bot. néerl. **25** (1928). — 128. Proc. kon. Akad. Wetensch. Amsterdam **32**, 35 (1929). — 129. **Went, F. A. F. C.:** Z. f. Bot. **23**, 19 (1930). — 130. **Winkler, H.:** Bot. Ztg **60**, 2, 269 (1902). — 131. Ber. dtsch. bot. Ges. **21**, 96 (1903). — 132. Ebenda **25**, 568 (1907). — 133. Jb. f. wiss. Bot. **45**, 1 (1908). — 134. Handwörterbuch der Naturwissenschaften **3**, 634 (1913). — 135. **Winterstein, H.:** Die Narkose. Monographien Physiol. **2**. Berlin 1926.

Lebenslauf.

Als Tochter des praktischen Arztes Dr. med. Erwin Harig wurde ich am 10. XII. 1905 in Stollberg (Erzgeb.) geboren. Von Ostern 1915 bis Ostern 1922 besuchte ich die II. höhere Mädchenschule in Leipzig und von Ostern 1923 bis Ostern 1926 die Studienanstalt der Gaudigschule in Leipzig. Im Sommersemester 1926 studierte ich an der Universität Marburg und vom Wintersemester 1926/27 bis Wintersemester 1930/31 an der Universität Leipzig Botanik, Zoologie und Chemie.